Man

남자는 여행

Travel

남자는 여행

발행일   2016년 6월 15일

지은이   문상건, 이민우, 정영호, 오동진, 오동규, 류일현, 윤현명, 이장호, 손명주
펴낸이   최수진
펴낸곳   세나북스
출판등록   2015년 2월 10일 제300-2015-10호
주소   서울시 종로구 통일로 18길 9
홈페이지   banny74@naver.com
전화번호   02-737-6290   팩스 02-737-6290

ISBN   979-11-87316-02-2 (03980) (종이책)
        979-11-87316-04-6 (05980) (e-pub)
        979-11-87316-03-9 (05980) (PDF)

이 도서의 국립중앙도서관 출판예정도서목록(CIP)은 서지정보유통지원시스템 홈페이지(http://seoji.nl.go.kr)와
국가자료공동목록시스템(http://www.nl.go.kr/kolisnet)에서 이용하실 수 있습니다.
(CIP제어번호 : CIP2016011653)

때론 투박하고 때론 섬세한 아홉 남자의 여행 이야기

Man

남자는 여행

Travel

문상건 정영호

손명주 오동규

오동진 이장호

이민우 류일현

윤현명 지 음

세상에는 남자만 가능한 여행이 존재한다
여행을 통해 더 큰 세상을 향해 나갈
용기를 얻은 아홉 남자의 여행기!

세나북스

#01 용병

———————— 애당초 그들은 별 기대가 없어
보인다. 며칠 낯이 익었으니 한 번쯤 기회를 주겠다는 느낌이다.
그래도 몇몇은 운동화로 갈아 신는 시간을 기다려준다. 재미 삼
아 어울려 보려는 거지만 스포츠는 언제나 남자에게 승부욕을
자극한다. 사실 나는 제법 자신이 있었다.

중·고등학교 시절 고작 10분인 쉬는 시간에도 운동장에 나가 공
을 찼다. 점심시간은 점심을 5분 만에 해치우고 축구 하는 시간
이었다. 비 오는 날엔 우유 팩 대가리를 접어 네모난 축구공을 만
든 다음 복도나 교실 뒤편에서 후려 차곤 했다. 승부를 뒤집을 수
있는 실력을 갖추지는 못했지만 반 대항 축구시합에서 제법 중요
한 포지션을 소화하는 덕분에 늘 주전 선수에 포함됐다.

군대에서도 마찬가지다. 옆 중대와 축구시합 하는 날에는 각종
근무와 내무생활에서 열외였다. 상대편 선임을 지독하게 쫓아다
녀 거친 욕을 먹으면 우리 선임들에겐 칭찬을 들었다. 화려한 개
인기는 하나도 가지지 못했지만 침착함과 강인한 체력이 장점이
었다. 상대 발재간에 잘 속지 않았고 후반에도 스피드가 떨어지
지 않았다. 게임을 지배하는 선수는 아니지만, 팀에 안정감을 주
고 공격을 지원하는 것이 내 임무였다.

이런 큰 게임은 9년 만이다. 간단한 스트레칭으로 근육에 예고
하는데, 그들의 시선에는 장난기만 가득하다. 운동장으로 뛰어
들어갔다. 누가 우리 편인지 알 수 없지만 상관없다. 5분만 지나
면 같은 편끼리는 금방 텔레파시가 통한다. 이제 실력을 보여줄
시간이다. 차범근이 독일에서 한 것처럼, 박지성이 맨체스터 유

나이티드에서 한 것처럼 나도 그들에게 '코리아(Korea)'에서 온 첫 번째 선수다. 여기는 인도 고아의 베나울림이다. 그리고 나는 용병이다.

#02 방출

———————————— 우리 편이 누군지는 알았지만 이 운동장에 대해서는 도대체 알 수 없다. 반쯤은 잔디가 있고 반쯤은 흙인데 그 모양이 자로 잰 듯 정확한 게 아니라 들쑥날쑥하다. 평평한 바닥이 아니라 바위와 돌과 모래와 진흙이 섞인 일종의 불모지다. 운동장이라기보다는 축구를 할 수 있을 만큼 넓은 공터에 가깝다. 패스를 받기도 어렵고 히팅 포인트를 제대로

맞추지도 못하겠다. 민망하다. 실수가 용납되지 않는 한국의 조기 축구였다면 온갖 야유와 욕을 먹을 실력이다. 그런데 이들은 그저 웃는다. 갑자기 뇌우를 동반한 스콜이 시작됐다. 우기가 시작된 인도의 스콜은 상상 이상이다. 머리 위에서 물벼락을 때리는 예능프로그램처럼 하늘에서 시작된 폭포가 그대로 내리꽂힌다. 스콜이 나를 살렸다고 생각하며 야자수 나무를 찾아 뛰었다. 나무 기둥에 딱 붙어 돌아서자 그들은 여전히 나를 보며 키득거린다.

　게임은 계속된다. 순간 부끄러워졌다. 소나기와 축구의 상관관계가 있다면 '0(제로)'에 가깝다는 생각이 들었다. 도대체 우리는 왜 비가 오면 경기를 멈췄던 것일까. 어차피 땀에 젖은 옷이나 비에 젖은 옷이나 곧 빨래바구니로 들어갈 텐데. 나는 다시 운동장으로 뛰어갔다. 물웅덩이가 스무 개쯤 생겨있었고, 마치 신병훈련소의 각개전투 훈련장을 보는 것 같았다. 그들에겐 게임이지만 나에겐 훈련처럼 부담스럽고 힘들었다. 축구공은 둥글다는 희망은 이날만큼은 도움이 되지 않았다. 내 발을 떠난 공은 모가 나 있는 것처럼 답답했다. 골대 앞에서 찬스가 왔다. 하지만 내가 찬 것은 공이 아니라 돌이었다. 몇몇은 엎어져서 자지러졌다. '노 프로브롬'이라고 외치며 멋쩍게 웃었다. 3개월 동안 인도에서 배운 이 만병통치약 같은 대답을 참 적절하게 사용했다. 하지만 아무런 문제가 없지 않았다. 내 마음은 갈수록 소심해졌다. 시합에서는 한번 의기소침하면 끝까지 제 기량을 발휘하기 어렵다. 내 실력은 '용병'이 아니라 '용변'이었다. 아무도 뭐라고 하는 이는 없지만 나의 데뷔전은 처참했다.

#03 낭만

──────────────── 내가 묵고 있는 게스트하우스
는 바로 이 운동장의 담벼락을 같이 쓰고 있다. 배낭여행자 사이
에선 꽤 알려진 저렴한 숙소인데, 도착한 첫날부터 주인장과 사
이가 좋지 않았다. 아무도 찾지 않는 비수기에 왔으니 쌍수를 들
고 환영할 줄 알았는데 반대였다. 아무리 불러도 사람이 나오지
않자 주인장의 집에 불쑥 들어갔다. 한참을 인기척을 내자 낮잠
자던 주인아주머니가 오만상을 쓰고 나왔다. 자신의 낮잠을 방
해한 외국인에 대한 증오가 대단했다. 방값을 흥정하려 했지만
그냥 썩 꺼지란 말투로 안 된다고 한다. 적당한 가격이긴 했지만
비수기 특가로 거의 공짜 방을 노렸던 나는 완전히 참패했다.

"며칠이나 있을 거야?"

"모르죠. 최소한 4일은 있을 거예요."

"그럼 4일 치 숙박비를 지금 내."

"영수증을 지금 써주면 낼게요."

"딸이 영어를 쓸 줄 아는데, 지금 없어. 영수증은 이따가 가져
다줄게."

"그럼 딸이 오면 돈을 낼게요."

방에서 짐을 푸는데 뚱뚱한 주인아주머니가 씩씩거리며 오더
니 영수증을 침대 위로 던진다. 성격 꽤 급하고 다혈질이다. 느긋
하게 1,200루피를 눈앞에서 확인시켜 주고 나머지 짐을 풀었다.
배가 고픈데 비수기라 문을 연 식당이 없다. 장사하고 싶을 때만
잠시 열고 다시 닫은 것이다. 주인이 있는 식당으로 갔다. 원래 식
당을 같이 운영하는데 손님이 없어 휴업 중이란다. 먹을 게 없다.

어쩔 수 없이 아껴둔 튜브 고추장에 밥을 비벼 먹으려고 밥을 구걸했다.

"쌀밥 좀 주세요."

"50루피!"

"휴…… 그래요. 돈 낼게요."

언제나 아쉬운 쪽은 나였다. 인도에서 뜻대로 되는 건 없었다. 그렇다고 안 되는 것도 없는 게 매력이다.

내가 기꺼이 고생을 감내하며 이 숙소를 선택한 것은 투숙객이 나 혼자라는 점과 안내데스크를 거치지 않아도 방으로 갈 수 있다는 사실 때문이다. 안내데스크와 별개로 건물이 하나 있는데 여기 있는 수많은 방이 다 비어있다. 밤이 되면 비바람에 창문이 심하게 덜컹거린다. 도둑이나 강도 혹은 귀신이 밖에서 문을 열려고 잡고 흔드는 것처럼 요란한 소리를 낸다. 이 긴장감이 왠지 좋다. 세상에서 아무도 나를 모르는 곳, 어떤 큰소리를 질러도 들을 수 있는 사람이 주변에 없다는 생각이 두려움과 함께 모험심을 자극한다.

해는 일찍 넘어가고 검은색 물감 같은 어둠이 시작된다. 휴대전화 플래시 불빛에 기대어 축구장을 가로질러 와인숍(wine shop)*으로 간다. 카보 한 병과 맥주 두 병을 산다. 카보는 고아에서

★ 인도에서는 맥주와 위스키를 주로 판매하는 가게를 '와인숍'이라고 부른다. 실제로 와인을 팔진 않고 Wine shop 또는 English wine shop이라고 부른다.

유명한 술인데 코코넛 향이 나는 럼주 말리부와 비슷하지만 훨씬 더 달콤하고 향이 강하다. 그날 밤 카보를 절반이나 비우고 맥주 두 병을 마시면서 '냉정과 열정 사이'와 '클래식'을 각각 아홉 번째로 감상했다. 한 번도 빨지 않은 것 같은 침대보 위에서 낮에 있었던 축구 시합을 되새기고 내일의 선전을 다짐하며 잠이 든다. 낯선 곳에서 낯선 사람들과 몸을 비벼가며 축구를 하고, 일부러 혼자만 있는 숙소를 골라 자신을 세상으로부터 따돌리는 장소로 내몰고, 술에 취하며 영화와 추억을 어루만지는 것이 낭만이라는 이름으로 포장될 수 있는 것. 그것은 바로 여행이다.

#04 해장

─────────────── 술 마신 다음 날 숙취로 꼬여 버린 속을 부여잡을 때면 낭만이고 나발이고 현실에 직면하게 된다. 다시 밥을 구걸해서 고추장과 비벼 먹을 것인가. 제대로 된 한 끼를 찾을 것인가. 낭만을 조금 더 연장해 보기로 했다. 오토바이 시동을 켰다. 마르가오역 근처에 꽤 괜찮은 식당이 모여 있는 걸 봐뒀다. 돈을 좀 쓰더라도 제대로 된 식사를 할 때가 됐다. 처음 가는 길을 내비게이션의 도움 없이 달린다. 여기서는 GPS의 기술도 통하지 않고 길을 물어봐야 정확하게 알려 줄 사람도 없다. 신호등도 없이 사람과 승용차와 버스, 릭샤, 오토바이가 뒤섞인 거리는 혼란 그 자체다. 하지만 무질서 속의 질서를 발견하고 편안하게 달릴 수 있을 만큼 인도가 편해졌다.

"짤로, 짤로."

'가자!' '비켜!' 등의 의미로 쓰이는 이 말은 걸음을 재촉하는 인력거꾼이나 릭샤 운전사, 짐을 대신 들어 주거나 기차 좌석을 잡아주는 인부들이 자주 쓴다. 아슬아슬하게 부딪히려 할 때면 나도 모르게 '짤로'를 외쳤다. 피자가게에 도착하니 아직 준비 중이다. 손짓 발짓으로 몇 개의 토핑을 올린 작은 피자 한 판을 시켜서 미리 준비해 간 고추장에 찍어 허겁지겁 먹어 치웠다. 몇 달 만의 피자인가. 역시 해장에는 느끼하고 얼큰한 음식이 최고다. 돌아오는 길에 우체국에 들러 엽서를 부쳤다. 꽤 멋진 하루가 시작되고 있었다.

#05 짤로

———————————— 전략이 필요하다. 아마 차범근도 박지성도 처음 뛰는 리그에선 그랬을 거다. 신발을 벗는 전략을 세웠다. 신발을 신으면 공을 멀리, 세게 차고 싶어진다. 신발을 벗으면 단련되지 않은 발끝으로는 공을 강하게 차기 힘들고 드리블도 오래 할 수 없다. 대신 발 안쪽으로 툭툭 가볍게 건드리면서 정확도가 높아진다. 긴 패스는 못 하지만 가장 가까운 사람에게는 얼른 넘겨줄 수 있다. 어차피 우리 편이 누군지도 몰라 긴 패스를 할 일도 없다. 강력한 슈팅으로 골에 욕심을 낼 필요도 없다. 한창 더운 낮이 지나고 한 명씩 모였다. 신발 끈을 묶는 게 아니라 신발을 벗는 내 모습에 환호가 터진다. 플레이 볼!

"짤로! 짤로! 짤로! 짜알로오오오~!"

적극적으로 뛰었다. 시야는 좁았지만 패스는 꽤 정확해졌다.

어제와는 완전히 다른 모습이다. 공을 주고받으며 골문 근처로 갔다.

"짤로! 짤로!"

패스도 적극적으로 받았다. 바로 뛰어 들어가는 공격수에게 찔러 넣었다. 첫 번째 어시스트였다.

"짤로! 짤로! 짤로오짤로오짤로오! 짤로오! 짤로오!"

입도 발 못지않게 나불거리며 축구를 도왔다. 스콜이 시작됐지만 야자수 밑이 아니라 골대로 뛰었다. 찬스가 왔다. 구석에 빈틈이 보인다. 세게 차려고 하지 않고 골대 기둥이 우리 편 선수라고 생각하고 침착하게 밀어 넣었다. 골인! 두 번째 공격 포인트다.

그날 밤 벌거벗고 샤워와 빨래를 같이 하면서 이 옷들이 마르면 다른 해변으로 가야겠다고 생각했다. 박수칠 때 떠나야지, 그들이 다시 축구를 하자고 하면 곤란했다. 발바닥이 만신창이가 돼서 더 뛸 수 없었다.

나는 이제 용변이 아니다. 나는 한국에서 온 용병, 짤로다.

이민우

말이 1,500km지!

16일간의 미국 자전거 여행

그대의 존재가 적으면 적을수록, 그대의 삶을 덜 표출할수록, 그만큼 더
많이 소유하게 되고, 그만큼 그대의 소외된 삶은 더 커진다.
— 에리히 프롬, 〈소유냐 존재냐〉 중에서

#01 2015년 5월, 일본 도쿄: 하네다의 이별

──────────────── 도쿄에서 그녀와 마지막 인사를 했다. 두 달간 그녀와 머물기 위해 아르바이트하며 모아놓았던 돈과 일본에서의 계획은 허공을 맴돌게 되었다. 일본에 가야 할 가장 큰 이유를 잃었고, 일본에 가는 것 자체가 나에게 큰 아픔이 될 것 같았다. 24시간 내내 그곳은 그녀를 상기시킬 것이었기에.

결국 평소 마음 한쪽에 키워오던 꿈 중 하나에 돈과 시간을 쓰기로 했다. 그것은 장거리 자전거여행이었다. 자전거로 국내외 여러 코스를 종주한 경험을 가진 친구들의 영향도 있었고 군 복무 시절 읽었던 저널리스트 홍은택 씨의 〈아메리카 자전거 여행〉이란 책도 내게 무척 인상적이었다. 6,400km 미국 자전거 횡단 후 썼다는 이 책은 어렸을 때부터 스포츠를 좋아한 나에게 끊임없는 자극과 도전에의 욕망을 일깨워 주었다.

장거리 자전거 여행을 위해 연습 따위를 하고 싶은 마음은 들지 않았다. 애초부터 6,000km는 무리라고 생각해서 그보다는 짧지만 도전할 만한 코스를 찾아보았다. 며칠 지나지 않아 바로 인천-시애틀과 LA-인천행 비행기 티켓을 끊었다. '저지르면 어떻게든 되겠지'란 나의 신념 하나로.

#02 2015년 6월, 서울 홍대: 귀가 얇은 남자

──────────────── 6월의 한가로운 어느 날 밤, 홍대. 평소 친하게 지내던 형과 대화를 하고 있었다.

"민우야, 이번 방학에 뭐하냐?"

"미국 시애틀에서 LA까지 자전거 종단이나 한번 해보려고요. 지금 아니면 언제 할까 싶어요."

"그래? 누구랑 하는데?"

"저 혼자 하려고요."

"진짜? 그런데 위험하지 않을까. 너 그러다 죽을 수도 있는데…… 적어도 친구 한 명은 같이 가야지."

다음 날, 중학교 동창인 친구 성준이에게 전화했다. 성준이와는 학창시절 아주 가까웠는데 고등학교 이후로는 한 7년간 연락도 못 하고 건너서 소식만 듣고 있었다. 그런데 왜 성준이었을까? 그 당시 성준이는 일반병사 2년, 부사관 4년, 총 6년의 군 생활을 마치고, 이제 막 따끈따끈하게 사회에 나온 상태였다. 6년 동안 모아놓은 목돈도 어느 정도 있었고, 아직은 한가할 것이라는 생각도 순간적으로 떠올랐다. 성준이도 나만큼(혹은 나 이상으로) 운동을 좋아하고, 오래달리기같이 지구력이 있어야 하는 운동에 능하다는 것을 나는 중학교 때부터 익히 알고 있었다.

"성준아, 뭐하냐?"

"게임. 왜?"

"내가 7월에 한 달간 미국 시애틀에서 LA까지 자전거로 종단할 건데 한 2,000km 정도 될 거야. 너 시간 되면 같이 할래?"

이것저것 몇 가지 질문하던 성준이는 자기도 평소에 꼭 한번 해보고 싶었다며 흔쾌히 승낙했다. 전화 한 통화로 아주 쉽게 동료를 구했다.

#03 2015년 7월, 0km 지점: 워싱턴주 시애틀

──────────────────── 이렇게 해서 성준이와 나의 여행은 시작되었다. 여행을 가기 전 이미 예상했듯이 자전거 여행을 위한 연습은 하지 않았다. 심지어 나는 중학교 때 이후로 10년 넘게 자전거를 타본 적이 없었다. 성준이도 마찬가지였다. 내가 출국 전 구입한 장비(?)라고는 아디다스 반바지 하나밖에 없었다. 나는 생각이 많은 편인데, 여행에 있어서는 지나치게 단순한 스타일이다. 그러나 걱정이 아예 없진 않았기에 LA에서 뉴욕까지 자전거 횡단 경험이 있는 친구에게 연락을 했다. 그 친구가 2,000km 정도는 걱정하지 말라며, 현지 테스코(미국에 있는 마트)에서 30달러 정도 하는 자전거를 구입하면 된다고 알려주어 마음이 조금은 편해졌다.

시애틀에 도착하여 머무는 동안 2,000km는 갈 수 있는 최대한 싼 중고 자전거를 구입했다. (자전거는 LA에 도착해서 팔았다. 미안, 자전거야!) 원래 자전거를 사기 위해 테스코를 가려 했지만 가까운 지점을 찾을 수가 없었다. 이미 산 중고 자전거를 몰고 출발 이틀 후, 가게에서 정말 탈 만한 50달러 짜리들을 발견하기도 했다.

다른 장비나 텐트 등은 타켓(미국 내 대형마트 체인)에서 최대한 저렴한 것들로 샀고 침낭은 짐이 많아질 것 같아서 가다가 필요하면 사기로 했다. 출발 4일째, 캠핑장의 추위 때문에 결국 침낭도 샀다. 여행 다닐 때 쓸 물통은 시애틀에 있는 스타벅스 1호점에서 산 텀블러로 대신하기로 했다. 자전거 앞에 싣고 다니다 보면 흠집도 나겠지만 그 흠집 덕분에 세상에 하나뿐인 텀블러가 될 거라는 생각이 들었다.

7월 14일. 마침내 우리의 자전거 여행 첫날이 밝았다.

#04 7월 16일, 3일 차 241km 지점: 워싱턴주 롱뷰

—————————— 시작하고 며칠은 정말 허벅지
가 터지는 줄 알았다. 예행연습을 안 한 것이 진정 실수였나? 다
행히 며칠이 지나고 나서부터는 허벅지가 적응해서 한결 순탄하
게 탈 수 있게 되었다. 나의 무계획적 여행 스타일이 승리하는 순
간이었다.

그렇게 3일째가 저물어가면서 시애틀에서 시작된 우리의 여행
은 워싱턴주에서 남쪽의 오리건주로 넘어설 때가 머지않아 보였
다. 그리고 있던 도중, 나는 평생에 잊지 못할 하나의 인연을 만나
게 되었다. 저녁 7시, 길가의 한 주유소 편의점. 우리는 그곳에서
잠시 쉬며 목을 축이고 있었다. 그때 어느 덩치 좋고 인상 좋은 백
인 아저씨가 맥주 한 상자를 두 손 가득 들고 가며 우리를 보더니
다가와 말을 걸기 시작했다. "너희 여행 중이니?" "이름은 뭐니?"
"어디서 왔니?" 같은 내겐 아주 익숙한, 여행 중 낯선 사람과의
뻔하면서도 반갑고 유쾌한 대화를 5분 정도 나눴던 것 같다. 작
별인사 후 아저씨는 트럭에 맥주를 싣고 유유히 떠났고, 성준이
와 나는 그날 마지막으로 1시간 정도 자전거를 더 타며 텐트 칠
캠핑장을 찾기 위해 출발했다.

그렇게 다시 자전거를 타고 간 지 15분쯤 지났을까. 끙끙대며
언덕을 오르고 있었는데, 옆 찻길에 차가 서더니, 20살쯤 돼 보이
는 백인 친구가 나에게 말을 걸었다. "Are you Minjoo?(당신이 민주

에요?)" "Maybe that's me. I am not Minjoo, but Minwoo(아마 그게 난 거 같은데, 민주는 아니고 민우에요)."라고 대답을 하고 네가 내 이름 비스름한 거라도 어떻게 아느냐는 표정으로 쳐다보자 그 친구가 하는 말이 나를 살짝 당황케 했다.

"아까 주유소에서 어떤 아저씨 만나지 않았어요? 그분이 제 아버지예요. 아버지가 당신들을 집으로 데려오라고 했어요. 오늘 밤 자고 가라고 하던데, 이 트럭에 타세요. 같이 가요." 가만 보니 이 차가 타일러라는 이름의 아까 그 아저씨의 트럭인 거 같기도 했다. 이러다가 납치되는 건 아닌지, 낯선 사람을 믿어도 되나 성준이의 얼굴을 보며 한 2초 고민한 끝에 나는 대답했다. "OK. Why not(좋아요. 안 될 거 없죠)." 사실 속으로는 걱정도 되긴 했지만, 전에도 여행하면서 좋은 사람을 많이 만났던 경험이 있던 나는 이번에도 그 중 하나지 않겠느냐는 직감이 들었다. 우리는 자전거를 짐칸에 싣고 그 트럭을 타고 타일러의 집으로 향하게 되었다.

도착한 타일러의 집은 말 그대로 Unbelievable! 대박이었다. 시골이라서인지 크기가 우리나라 웬만한 집보다 훨씬 크고 정원과 수영장, 캠핑용 트레일러 등이 있었다. 미국 로스엔젤레스에 1년 살아봤지만 그렇게 큰 단독주택을 보질 못했고 집을 보고 감탄하기는 정말 간만이었던 듯하다. 타일러 아저씨를 다시 만나자 의심이 전부는 아니지만 거의 다 사라졌다. 나는 활짝 웃으며 한마디 했다. "Oh my god! Tyler, can I hug you?(아저씨, 제가 한 번만 안아드려도 될까요?) 그리고 그 집은 목수인 타일러가 직접 지었다고 한다.

저녁 식사도 타일러가 직접 만들어줬는데 그것 또한 근사했다.

타일러가 직접 잡았다는 사슴으로 만든 스테이크와 육포 그리고 직접 낚시했다는 연어로 만든 요리를 먹으며 간만에 풍성한 저녁 식사를 했다. 식사하면서 타일러는 사슴을 사냥할 때 찍은 사진도 보여주고 월척의 두 배는 되어 보이는 크기의 연어를 낚을 때 찍은 동영상도 보여주었다.

저녁을 먹으며 우리는 서로 사진도 보여주며 이런저런 대화를 했고, 나는 너무나 궁금해서 왜 이렇게 우리를 도와주는지 묻지 않을 수가 없었다. 그러자 타일러는 자신의 이야기를 하기 시작했다. 아저씨는 오래전 이혼을 했고 알코올중독에 빠졌다고 한다. 무려 13년 동안 폐인으로 지내다가 마침내 신앙심으로 모든 어려움을 극복할 수 있었고 지금도 아예 술을 끊은 건 아니지만 계속 그 양을 줄이고 있다고 한다. 또 재혼도 해서 너무나 행복한 하루하루를 보내고 있다고 했다. 그러면서 덧붙이기를 그 시련과 극복은 자기에게 신이 주신 축복이었다며 내가 받은 이러한 신의 보살핌을 다른 사람에게 나눠줘야 하는 소명이 있다며 그래서 너희를 돕는 것이라고 말했다.

타일러의 말을 듣고 종교적인 것을 떠나 나는 감동할 수밖에 없었다. 그날 밤 이런저런 내 이야기, 성준이의 한국 군 생활 이야기, 타일러 아저씨의 이야기를 했고 며칠 만에 우리는 따뜻하고 여유로운 샤워도 했고 안락한 침대에서 잠도 푹 잘 수 있었다. 이러한 만남이 진정한 여행의 참맛이라는 것을 다시 한 번 느끼게 된 하루였다.

즐거운 저녁을 보내고 다음 날 아침, 타일러 아저씨는 트럭으로 워싱턴주 경계에 있는 콜럼버스강 선착장까지 우리를 바래다

주었다. 가는 길에 멕시코 음식점에 들러서 브리토도 사주셨는데 그 맛은 정말 환상이었다. 선착장에 정기적으로 운항하는 배에 자전거를 싣고 강을 건너 오리건주까지 갔다.

그 지점에서 우리에게는 두 가지 옵션이 있었는데 하나는 내륙을 통해 로스앤젤레스까지 빠르게 가는 5번 국도를 타는 것이었고, 다른 하나는 구불구불한 해안을 따라 달리는 PHW1(Pacific Highway 1, 태평양 1번 고속도로)으로 가는 것이었다. 애초에 멋진 해안 절경을 따라 달릴 계획이던 성준이와 나는 선택을 망설이지 않았다.

타일러와 나는 지금도 안부를 물으며 연락을 하고 있다. 여행이 준 멋지고도 귀한 인연이다. 그날 약속한 대로 언젠가 타일러가 내 집을 지어주는 날이 오기를!

#05 7월 20일, 7일 차, 692km 지점: 오리건주 쿠스베이

———————————————— 종단 7일째 우리는 이번 여행의 첫 한국인 자전거 여행자를 만났다. 민숙이는 시애틀에서부터 혼자 이 여행을 하고 있다고 했다. 이 친구는 출발한 지 9일 정도 된 상태였는데, 혼자서 여유롭게 여행을 하고는 있었으나, 슬슬 심심한 타이밍에 반갑게도 우리가 나타난 것이었다. 우리도 무척 반가웠고 그 날 이후로 일정이 맞는 데까지 같이 다니기로 했다.

간만에 한국어를 할 수 있었던 성준이도 동행을 만나 무척이나 반가워 보였고 나도 한국인을 만나서 이런저런 여행에 관련된 에피소드도 듣고 정보를 공유하게 되어 무척 기뻤다. 전공이 체

육교육학과여서인지 반전문가 같던 민숙이는 자전거도 직접 한
국에서 가져왔고 이러한 장거리 자전거 여행에 관한 교육도 서울
용산에 있는 전문센터에서 받고 왔다고 했다. 우리는 타일러 집
에 텐트 천막도 놓고 오는 바람에 거의 아동용에 가까운 25달러
짜리 텐트를 다시 사서 쓰고 있었는데, 민숙이는 고급스러워 보
이는 1인용 텐트를 쓰고 있었다. 다른 장비로 버너에 냄비, 방수
가방도 있었고 펑크를 메꿔 주는 테이프 등 자전거가 고장 났을
때 응급처치 가능한 장비도 갖추고 있었다. 우리와 상당히 대비
되는 민숙이 덕분에 자전거 여행에 대해 많이 배웠고, 도움도 많
이 받을 수 있었다.

　그 날 우리는 매일 캠핑장에서 텐트 치고 새우잠을 자다가 간
만에 모텔에 가서 따뜻한 샤워도 하고 도미노 피자도 배달시켜
먹으며 따뜻한 하룻밤과 수다 속에서 충전의 시간을 보냈다. 그
날 이후 민숙이를 포함한 우리 셋의 캠핑생활은 며칠 동안 이어

　남자는 여행

졌다. 라면을 끓여 먹고, 시원한 맥주를 마시고, 고기를 구워 먹으며 무수한 별이 하늘에서 쏟아질 것 같은 밤하늘을 이불 삼은 나날이었다.

#06 7월 24일, 11일 차, 1,081km 지점: 캘리포니아주 포츄나
'Warm Showers(따뜻한 샤워들 혹은 따뜻한 사람들)' 1. 자녀 일곱, 개 두 마리, 그리고 아저씨와 그의 아내.

───────────────── 쿠스베이에서 만난 민숙이와 우리는 4박 5일을 같이 지내다가 가는 방향이 달라서 헤어지게 되었다. 많은 도움을 줬던 민숙이가 마지막까지 우리에게 선물을 주고 갔다. 그건 바로 민숙이가 '웜샤워스*'에서 예약한 어느 가정집을 우리에게 알려준 것인데, 사실 그 집은 민숙이가 갈 예정이었지만 민숙이가 계획을 바꿨기 때문에 대신 우리가 가게 되었다.

스마트폰으로 인터넷이 되지 않았던 성준이와 나는 물어물어 그 집을 찾아갔는데 그 집은 타일러 집을 비롯한 다른 집과는 또 다른 인상을 줬다. 그 집의 호스트였던 아저씨는 자녀가 일곱 명이었고 집은 사실 허름하고 엉망이었다. 미국도 사람 사는 곳이다 보니, 가족마다 너무나 다양한 삶의 풍경을 가지고 인생을 살

★ 웜샤워스(Warm showers)는 자전거로 여행하며 땀에 찌든 라이더들에게 따뜻한 샤워와 음식, 그리고 하룻밤 잘 곳을 무료로 제공해주는 집을 찾는 어플리케이션이다.

아가고 있다는 생각이 들었다.

집주인 아저씨는 매우 친절해서 우리에게 따뜻한 샤워도 할 수 있게 해 주셨는데, 샤워실의 수도꼭지도 고장이 나서 물을 쓸 때마다 펜치로 수도꼭지를 돌려서 써야 했다. 또 그날 우리의 숙소는 뒷마당에 있는 아저씨 창고였다. 마당에는 개들이 뛰어다녔고 정말 귀여운 아이들이 동양의 어느 나라에서 온 우리가 신기했는지 이것저것 물어보았다. 초등학교 5학년인 아저씨의 딸은 태권도를 배우고 있다며 발차기를 보여주는데 반가우면서도 한편으로 태권도의 종주국인 한국인으로서 뿌듯하였다고 하면 좀 상투적인가.

아저씨는 자전거 마니아로 인터넷으로 항상 자전거 관련 기사들을 검색하고 그날 우리가 갔을 때는 TV로 '투르 드 프랑스* 영상을 보면서 랜스 암스트롱** 스캔들과 관련된 여러 가지 얘기도 해 주셨다. 나는 아저씨에게 자전거여행을 한 적이 있느냐고 물었는데 아저씨는 아직 없지만 꼭 하고 싶다고 말했다. 아직 못한 이유를 물으니 일곱 명의 자녀를 비롯한 생계 때문에 못하고 있단다. 대신 자전거 여행객들을 집에서 이렇게 맞이하는 것으로

★　투르 드 프랑스(프랑스어: le Tour de France, 즉 프랑스 일주를 뜻함)는 프랑스에서 매년 7월 3주 동안 열리는 세계적인 프로 도로 사이클 경기다. (출처 : 위키피디아)

★★　랜스 암스트롱(Lance Armstrong, 1971년 9월 18일~)은 미국 출신의 전 프로 사이클 선수이다. 그는 사상 최초로 7년 연속(1999년~2005년) 투르 드 프랑스를 우승하면서 이전의 기록이었던 5회 우승 기록을 갈아치우는 등 많은 찬사를 받은 선수였으나, 도핑 위반 혐의가 드러나 모든 기록을 박탈당하고 사이클계에서 영구 추방되었다. (출처 : 위키피디아)

위안으로 삼고 있다고 말했다. 언젠가는 꼭 아저씨도 그 집의 손님들처럼 자전거 여행을 떠나는 날이 오기를 진심으로 바랐다.

#07 7월 26일, 13일 차, 1,316km 지점: 캘리포니아주 엘크
'Warm Showers(따뜻한 샤워들 혹은 따뜻한 사람들)' 2. 쥬디
그리고 그녀의 아버지.

───────────────── 또 하나 기억에 남는 숙소가 있다. 사람이 절박해야 창의력도 메마르지 않고 뭐든지 하게 된다고 했던가. 나는 숙소에 돈을 쓰는 게 너무 아까워서 맥도널드에서 점심을 먹는 틈틈이 열심히 웜샤워스를 뒤지고 뒤져서 저녁의 예상도착지 근처에서 우리를 반겨줄 집을 찾았다. 인터넷으로 메시지를 보내면 소통 과정이 오래 걸릴 것 같아서 전화번호

를 저장하고 가는 길에 행인들에게 전화를 빌려 가면서 직접 그 집에 전화를 걸어 오늘 묵을 수 있는지 물어봤다. 사실 웜샤워스를 이용할 때는 예의상 하루나 이틀 전에 숙박 가능 여부를 물어야 한다. 하지만 나는 염치불구하고 이런 시도를 해보기로 했고 다행히 한 집을 찾을 수 있었다. 그 집을 향해 우리는 자전거 페달을 열심히 밟고 돌렸다.

그 숙소는 이번 여행 통틀어 손꼽히게 높은 언덕에 있었기에 다시 한 번 내 허벅지의 한계를 시험하게 되었다. 허벅지가 거의 터질 뻔한 끝에 낑낑대며 겨우겨우 그 집에 도착했다. 우리를 반겨준 것은 쥬디라는 이름을 가진 30대의 여자분이었다. 마을에서 자원봉사 소방관을 하며 89세의 아버지와 둘이서 살고 있었다. 쥬디의 아버지는 젊은 시절 천체물리학자였는데 나사(NASA: 미항공우주국)에서 근무하셨다고 한다. 책도 여러 권 냈고 상당히 명석한 분처럼 보이셨다. 다른 자녀들은 모두 도시에 나가서 살고 쥬디만 아버지와 함께 지낸다고 했다.

그 집도 정말 멋졌다. 나무로 지어졌는데 집 안 한쪽에는 꽤 큰 정원이 있었고 천장이 온통 유리로 되어 있어서 태양열을 이용해 전기를 쓰고 식물들도 기른다고 했다. 밖에서 보면 직각삼각형 모양인 그 집을 보며 정말 미국엔 다양한 형태의 집이 많다는 걸 이틀 만에 다시 느꼈다.

우리의 잠자리는 흔히 말하는 캠핑카, 즉 RV(Recreation Vehicle) 트레일러였다. 미국에서 캠핑은 몇 번 해봤지만, RV 트레일러에서 실제로 잔 것은 그날이 처음이었다. 트레일러는 상당히 컸다. 트레일러는 세 공간으로 되어 있었는데 맨 앞쪽 칸에 침대가 하나 있고 맨 뒤 칸에 또 이층침대가 양옆에 두 개가 있어서 4명이 잘 수 있었다. 가운데 칸에는 싱크대와 테이블, 그리고 침대로 변할 수 있는 소파가 있었으며 세면대도 하나 있고 옷장도 있었다. 정말 훌륭하고 따뜻한 잠자리여서 기분이 좋았다. 저녁으로는 그 지역에서 만든 맥주와 함께 치킨 요리를 주서서 맛있게 먹었고, 직접 만든 것으로 보이는 야외샤워장에서 따뜻한 샤워를 하며 이틀 만에 땀내를 씻어내고 오랜만에 텐트가 아닌 침대에서 잠을 잘 수 있었다.

이렇게 우리를 초대해 주는 사람들을 보면 항상 이해가 잘 안돼서 물어보곤 한다. 같은 질문을 이틀 전 아저씨에게도, 이날 쥬디에게도 했다. "왜 낯선 사람들에게 식사와 샤워 그리고 잠자리를 제공해주나요?" 대답은 항상 같았다. 이제는 그 이유를 잘 알게 되었다.

"왜냐하면 우리는 집에 가만히 머무르며 전 세계 사람들을 만날 수 있기 때문이죠. 효율적인 공짜 여행 아닌가요?"

나는 이 말에 너무나 동감한다. 내가 지금까지 한 여행들을 돌이켜보면 자연풍광, 음식도 좋았지만, 결국에는 모두 거기서 만났던 사람들과의 추억으로 남았기 때문이다.

#08 7월 27일, 14일 차, 1,429km 지점: 캘리포니아주 제너

───────────────────────── 오늘도 변함없이 캠핑장 신세다. 차를 끌고 온 캠핑족들은 15달러를 내고, 자전거 여행객들은 10달러를 내야 하는 유료캠핑장. 저녁 시간이라 그런지 사무실

에 지키는 사람은 없었고 밖에는 돈을 넣는 우편함같이 생긴 통이 있었다. 경비가 점점 떨어져 가고 있었기에 넣지 말까 하고 잠시 망설였지만 하룻밤 잘 수 있는 장소를 제공해 주는 것에 비하면 큰돈이 아니라는 생각에 돈을 넣고 텐트 칠 장소를 찾아갔다.

그곳에는 이미 두 명의 백인 여자들이 있었다. 텐트를 치면서 자연스레 이런저런 대화를 하게 됐는데 우리가 한국에서 왔다는 것을 얘기하자, 그녀들은 우리에게 민숙이를 아는지 물었다. 너희는 어떻게 아느냐고 물었더니 어젯밤에 민숙이와 같은 캠핑장에 있었다고 한다. 넓고도 좁은 게 서울땅이란 말이 있는데 넓고도 좁은 게 미국땅 자전거 코스라고 한다면 과장인가? 우리와 헤어진 직후 민숙이가 얘네들과 같은 캠핑장을 썼던 것이다. 그리고 민숙이는 이 친구들보다 천천히 내려오고 있어서 그 다음 날 헤어졌다고 했다.

우리나라에서 몇 년 전부터 붐이 일기 시작한 캠핑장을 미국에서는 자전거를 타고 가면서 한 시간에 하나꼴로 만날 수 있었다. 그렇게 오늘도 여러 개의 캠핑장을 지나쳐 왔는데, 이렇게 같은 캠핑장에서 우리와 4박 5일을 같이 지냈던 민숙이를 알고 있는 사람들을 만나니 무척 반가웠다.

우리는 저녁을 다른 식당에서 먹고 캠핑장에 들어온 상태였는데, 그녀들은 화로를 이용해서 그때부터 저녁을 만들기 시작했다. 메뉴는 구운 소시지를 넣은 햄버거와 구운 옥수수였다. 화롯불이 잘 안 붙자 흡연자 성준이가 라이터로 도왔고 그래도 장작에 불이 안 붙어서 나까지 합세, 열심히 입으로 후후 불어대고 부채질을 하며 불을 지폈다. 한국에서 군 생활 시절 훈련하며 야영

남자는 여행

하고 밥 먹고 했던 것들이 유용하다고 느끼는 순간이었다. 우리의 도움을 받은 그녀들은 감사의 의미로 햄버거와 옥수수를 나눠주었고 저녁을 먹고도 자전거를 타며 여전히 허기졌던 우리는 배를 조금이나마 더 채울 수가 있었다. 그날 그렇게 옥수수와 햄버거 그리고 와인까지 먹으며 우리는 대화를 했고 또 하나의 추억을 만드는 밤이 되었다.

영국 출신인 이 둘은 어렸을 때부터 운동하는 것을 좋아해서 지금도 여러 가지 운동을 즐기는데 이번에는 둘이서 휴가를 맞춰서 같이 미국에 자전거 여행을 온 것이었다. 출발점은 시애틀 위에 있는 캐나다 남서부 끝 밴쿠버 그리고 목적지는 미국 남서부 끝 도시 샌디에이고. 우리보다 훨씬 긴 여정을 계획하고 있는 멋진 여성들이었다. 직업상 그런 걸까. 둘 다 성격이 좋았지만, 의사 친구는 조금 예민해 보였고 NGO 친구는 미소가 자연스러운 밝은 여자였다. NGO 친구는 그날 밤 한국어를 하나 배웠다. 그녀가 요구했기에. 그 한국 욕은 바로 'X발'이었다.

그녀들을 생각하면 떠오르는 것은 세계를 삶의 무대로 그들의 인생을 펼치고 있다는 점이다. 그 둘은 어린 시절부터 단짝인데 한 친구는 영국에서 의대를 졸업하고 호주에서 의사생활을 하고 있었고, 또 다른 친구는 당시 파키스탄에서 NGO 활동을 하고 있었다. 거기서 파키스탄어도 배우며 파키스탄 내의 인프라 구축과 파키스탄 국민을 위한 일을 하고 있었다. 영국에서 나고 자랐지만 지금은 호주와 파키스탄에서 일하고 있는 그녀들을 보며, 한국의 젊은이들도 세계로 뻗어 나가서 그들의 역량을 펼쳤으면 하는 생각이 들었다.

#09 7월 27일, 15일 차, 1,530km 지점: Stinson beach
———————————— 여행 15일째 오후. 어느 비싼 유료 캠핑장 입구. 나는 또 한 번 선택의 갈림길에 섰다. 오늘 여기서 돈을 내고 잔 뒤 내일 샌프란시스코에 도착하느냐, 아니면 오늘 밤 12시가 넘더라도 샌프란시스코를 찍느냐에 대해 고민했다. 무리일 수도 있겠지만 1,500km를 15일째에 주파했다는 라임도 맞는 깔끔해 보이는 기록을 남기느냐, 아니면 안전하게 하루더 머무르느냐를 30분가량 캠핑장 입구를 서성이며 고민에 고민을 거듭했다.

결국 쓸데없이 부리는 오기 빼면 시체에 가까운 나로서는 일단 출발하는 것으로 결정을 내렸다. 이 결정은 처음으로 성준이와 나를 떨어지게 만들었다. 사실 이 날 이전에도 우리는 몇 번 떨어질 뻔한 적이 있었다. 자전거여행을 하다 보면 도로 상황상 앞뒤로 타야 하는 경우가 대부분이다. 또 둘의 페이스가 다르다 보니 거리가 멀어질 때가 있다. 앞사람이 넋 놓고 달리다 보면 뒷사람이 안 보일 정도로 멀어질 때가 있다. 이때 문제가 되는 것이 앞사람이 어딘가에 멈춰서 기다리느냐 혹은 뒷사람을 향해 다시 가는가 하는 것이다. 반면 뒷사람은 힘들더라도 계속 가야 하는지 아니면 멈출지 고민하게 된다. 실제로 이런 일이 벌어져서 며칠 전에 헤어질뻔한 경험이 있었다. 느리게 가고 있던 내가 답답했는지 성준이가 쭉 앞질러 갔다. 나는 성준이가 앞에서 기다리겠거니 하면서 따라갔지만 가도 가도 성준이는 보이지 않았다. 그렇게 저녁이 다 되어서 일단 와이파이가 되는 모텔방을 잡고 성준이에게 카카오톡을 남겼다. 상황 판단력이 있는 성준이가 맥도날드나 스타벅스에 가서 와이파이를 잡고 내 메시지를 받는 것밖에는 다른 방법이 없다고 생각했다.

헤어진 지 7시간 후, 나는 성준이가 아직 메시지를 읽지 않은 걸 확인하고 잠시 모텔을 나와 동네 마트에 갔다. 한 10분쯤 그 안에서 시간을 보냈을까. 이것저것 먹을 것을 사서 나오는데 내 눈앞을 지나가는 성준이와 마주치게 되었다! 내가 장을 조금만 더 오래 봤으면 못 마주쳤을 그 순간에 자전거를 타고 달리는 성준이와 마주친 것이다. 여행을 하다 보면 이런 우연과 놀라운 드라마가 종종 일어난다.

그런데 15일째 되는 그 날에는 정말 헤어지게 되었다. 앞서 가던 성준이는 보이지 않았고 시간은 이미 저녁 7시가 넘은 상태였다. 남은 거리는 30마일 정도로 킬로미터로 치면 48km 정도 된다. 해가 이미 저물어 어둑어둑해지고 있었고 체력도 떨어질 때로 떨어진 상태였다.

막상 무리한 도전을 하려다가 이 시각이 되고 보니 더 가는 것은 무리란 생각이 머리를 지배했고 숙소를 마련하기 위해 보이는 집마다 돌아다니며 앞마당에 텐트를 칠 수 있는지 물으며 돌아다녔다. 여행의 막바지가 되어 자금이 모자랐기 때문에 최대한 나는 모텔이 아닌 숙소를 찾기 위해 가정집, 소방서 등을 찾아다녔지만, 딱히 잠잘 곳을 찾을 수는 없었다. 짐 분배를 위해 텐트의 폴대들은 모두 성준이가 가지고 있었고 나는 천막을 가지고 있어서 텐트를 칠 수도 없었다.

소방서에서 당직근무를 하고 있던 소방관이 10마일(16km) 정도 떨어진 곳에 캠핑장이 있다며 그곳으로 가는 걸 제안했다. 나도 그게 좋겠다고 대답했다(이게 다 돈을 아끼기 위해서였다). 그때는 시간이 이미 8시가 넘었기 때문에 주변이 너무 어두워서 자전거 야간등을 켜도 밤에 자전거를 타는 일은 위험했다. 소방관은 내게 괜찮겠냐고 물었고 나는 또 무슨 용기에서 그랬는지 괜찮을 거라 '쿨하게' 대답했다. 헤어지는 길에 소방서에 있던 생수 2통을 챙겨주던 소방관에게 고맙다는 인사를 하고 자전거를 다시 탔다.

그런데 왜 길에는 또 이렇게 언덕밖에 없는 걸까? 밤은 늦고 몸은 지치고 성준이는 보이지 않고 계속 언덕이 나오는 이 상황에서 나는 너무나 힘들었고 다른 결단을 할 수밖에 없었다. 언덕을 한창 올라가다가 자전거를 도로에서 뺐다. 그 옆에 보이는 숲으로 자전거를 끌고 들어가 침낭을 덮고 잘 적당한 장소를 물색했다. 다행히 큰 고목 밑에 잠잘 만한 공간이 있었고 텐트 천막을 깔개 삼아 침낭을 덮고 누웠다.

불현듯, 민숙이의 말이 떠올랐다. 그 말은 이렇게 가끔 산에서 자게 될 때 제일 무서운 게 사람이라는 것이었다. 나는 이 말의 뜻을 그날 밤에 몸소 체험하게 되었다. 사람이 많은 곳, 가령 캠핑장은 무서울 게 없지만 시골이나 산속에서는 나 외에 사람이 한두 명 있는 게 더 무섭다. 이런 조용한 곳에서 사람이 하나 갑자기 어디선가 툭 튀어나온다면 정말 공포다.

그날 밤에 나에게 그걸 깨닫게 해준 것은 어디선가 들리는 말소리였다. 먼발치에서 들리는 젊은 친구들의 목소리였는데 영어로 계속 깔깔대며 이야기하는 게 한 시간은 계속되었던 것 같다. 그곳은 정말 집도 없고 도로만 있던 산 중턱이었기에 그들이 거기에 차를 멈추고 마약 거래를 하는 건 아닌지 아니면 또 다른 뭔가를 하는 것인지, 어두운 밤 나무 밑에 누워 있던 나에겐 정말 가슴 두근거리는 한 시간이었다.

다행히 그들은 그러다가 떠났지만 항상 둘이 자다가 산속에서 혼자 자려니 잠은 안 오고 이런저런 생각이 스쳤다. 미국 시골의 달빛은 정말 밝았다. 멀리 태평양에서 나는 파도 소리만 고요하게 울려 퍼졌다. 여행 내내 하던 그녀에 대한 생각, 샌프란시스코에서 만날 나의 옛 룸메이트이자 소중한 인도인 친구 바룬을 만날 생각(또 그의 집에서 하룻밤 재워달라고 부탁할 생각도 함께), 성준이는 샌프란시스코를 향해 달리고 있을까 하는 생각 그리고 로스앤젤레스에서 다시 만날 나의 소중한 옛 친구들 생각 등 여러 생각이 이리저리 자유롭게 순서 없이 뒤섞이다가 스르르 잠이 들었던 것 같다.

#10 7월 28일, 마지막 날, 1,565km 지점: 캘리포니아주 샌프
란시스코

──────────────── 아침이 밝았다. 다행히 밤새
아무 일 없었고 나는 자전거를 끌고 다시 도로에 올라섰다. 어젯
밤 산에서 잔 것도, 어젯밤에 오르다 말았던 언덕도 꿈이 아니었
다. 밥도 못 먹고 오르는 아침 언덕길. 태평양 연안이라 자주 끼
는 안갯속에서 아침 길은 또 왜 이리 힘든지. 마지막 날이라서 더
힘든 걸까? 그런 생각 속에서 낑낑대가며 안개를 헤치고 열심히
언덕을 오르고 또 올랐다. 그러다가 다시 쭉 내리막길이 이어져
서 짠내 나는 바닷바람을 맞으며 내려가면 또 언덕길. 쉬었다 갔
다를 반복하며 한 2시간을 탔던 것 같다. 그사이 다른 라이더들
은 나를 스쳐 지나갔고 그들의 체력에 감탄하며 나의 체력과 근
력을 쥐어짜 내며 오기로 계속해서 길을 갔다.

마침내 표지판에서 샌프란시스코까지의 거리가 10마일 밑으
로 떨어졌고 점점 마을이 보이고 큰 도시 샌프란시스코의 모습이
드러나기 시작했다. 마을에 들어가자마자 눈에 들어온 세븐일레
븐에 들어가서 2달러짜리 라지 피자 2조각과 콜라 한 컵을 사 먹
었다. 직원에게 길도 묻고 그곳에서 잠시 몸을 재충전했다. 이제
끝이 보였다. 대도시에 들어서니 차는 많이 다녔지만 언덕은 없
어서 편하게 라이딩을 할 수 있었다. 멋진 샌프란시스코 동네들
을 하나하나 스쳐 지나가면서 왜 로빈 윌리엄스가 샌프란시스코
를 사랑했는지 왜 필립 시모어 호프먼이 아들에게 시카고, 뉴욕,
샌프란시스코 중 한 곳에 살길 바란다는 유언을 남겼는지를 조금
이나마 느껴 볼 수 있었다.

마지막 나의 라이딩. 그 라이딩은 골든 게이트 브리지(금문교)를 지나 샌프란스시코 다운타운으로 이어졌고 그날 점심은 샌프란시스코 시내의 스타벅스에서 먹었다. 오랜만에 책도 읽고 여행에 관한 기록을 정리하며 커피 한잔과 치즈데니쉬를 즐길 수 있었다. 그리고 마침내 성준이로부터 메시지가 도착했다. 성준이는 이미 샌프란시스코를 지나 로스앤젤레스로 자전거를 타고 가는 중이라며 로스앤젤레스에서 보자고 했다. 알고는 있었지만 정말 체력 좋은 녀석이구나 생각했다(나중에 로스앤젤레스 한인 민박에서 다시 만나고서도 며칠 지나서 안 사실인데 성준이는 샌프란시스코에 도착해서 버스를 타고 로스앤젤레스로 넘어갔다고 한다).

그날 오후 친구 바룬을 만났다. 바룬과 오랜만에 일본식 라면을 먹으며 그동안의 밀린 이야기를 나누었다. 바룬은 2016년 초에 덴마크에 있는, 지금 다니는 회사의 본사로 옮겨서 일할 예정이라고 했다. 나와 한 살 차이지만 이미 대학원을 졸업하고 컴퓨터 프로그래머로 일하며 전형적인 인도의 IT 인재가 된 멋진 친구 바룬. 아시아에서 미국으로 그리고 다시 유럽으로 삶의 무대를 옮긴다는 모습이 너무 보기 좋았다. I always miss you, friend.

사실 그날 바룬에게 신세를 지고 싶었지만 이미 바룬의 집에 손님이 머무를 예정이라서 어쩔 수 없이 모텔에서 잤다. 바룬이 열심히 로스앤젤레스로 가는 좋은 방법들을 찾아주어 다음날 로스앤젤레스로 향할 기차표도 예매하고 기차역 옆의 숙소도 잡을 수 있었다. 그리고 그날 밤 언제일지 모르지만 다시 만날 것을 기약하며 바룬과 작별을 했고 지하철에 자전거를 싣고 오클랜드 숙소로 향했다.

다음 날 아침 오클랜드에서 다시 기차에 자전거를 싣고 베이커스필드로 간 뒤 거기서 버스로 갈아타고 로스앤젤레스로 이동했다. 내 자전거 여행 계획은 애초에 시애틀에서 로스앤젤레스까지였다. 사실 2,100km나 되는 기록에 욕심이 나기도 했지만 샌프란시스코에서 나의 생애 첫 번째 장기 자전거여행을 멈추고 LA의 소중한 친구들에게로 향했다.

#11 에필로그: 2016년 3월 서울 혜화동

한 연구에 따르면 긍정정서가 강한 사람이라고 해서 부정정서가 약한 것은 아니라고 한다. 즉, 긍정정서와 부정정서가 별개라는 것이다. 나도 그런 사람 중 한 명인 것 같다. 나는 자신감도 매우 높으면서 열등감도 가득하다. 이번 여행을 계획할 때도 다른 사람들의 6,000km 무전여행기, 히말라야 등반기, 울트라마라톤 등을 보며 나의 1,565km는 한없이 작아 보이기도 하고 출발 전에는 고작 1,500km가 무슨 의미가 있을까? 라는 생각도 했다.

그러나 1,565km를 종단하고 난 지금은 말할 수 있다. 태평양 바다를 바라보며 한 시애틀에서 LA까지의 자전거 여행은 나의 내면을 한층 깊게 만들었다고 말이다. 물리적인 고통과 만족은 나의 정신도 단련시키고 살찌웠다. 6,000km든 1,500km든 기록과 숫자보다 더 중요한 것이 이 세상에 많고 각자 자기 몫의 여행을 하면 된다. 중요한 건 마음속 깊은 곳에서 진정 원하는, 실패

도 두렵지 않은 '나만의 인생'이라는 여행을 떠날 수 있느냐는 것이다.

지금 당장 거리가 어떻게 되든지 간에 자전거 여행을 떠나려는 사람에게 이건 이렇고 저건 저러니까 떠나야 한다고 말한다면 그것은 허세가 될 것이다. 산에 왜 오르느냐는 질문에 '저기 산이 있기 때문'이라고 누군가가 답한 것처럼 나는 단지 그 1,565km가 내 앞에 놓인 나의 길이어서 떠난 것뿐이다. 그게 가장 컸다. 그게 가장 중요했다. 내 인생에 주어졌던 많은 길을 내가 매번 용기 있게 가지는 않았다. 후회되는 순간도 분명 있었다. 하지만 시애틀에서 샌프란시스코까지의 1,565km는 가슴을 뛰게 해준 내게 주어진 길이었고 나는 그 길을 지나갔다는 것. 단지 그뿐이다.

류일현

남자는 어른이 되지 않는다

미국으로 농구나 보러 가자!

천국에서 주제는 하나야. 바다지. 노을이 질 때 불덩어리가 바다로 녹아
드는 모습은 정말 장관이지. 유일하게 남아있는 불은 촛불과도 같은 마
음속의 불꽃이야.

— 영화 〈노킹 온 헤븐스 도어〉 중에서

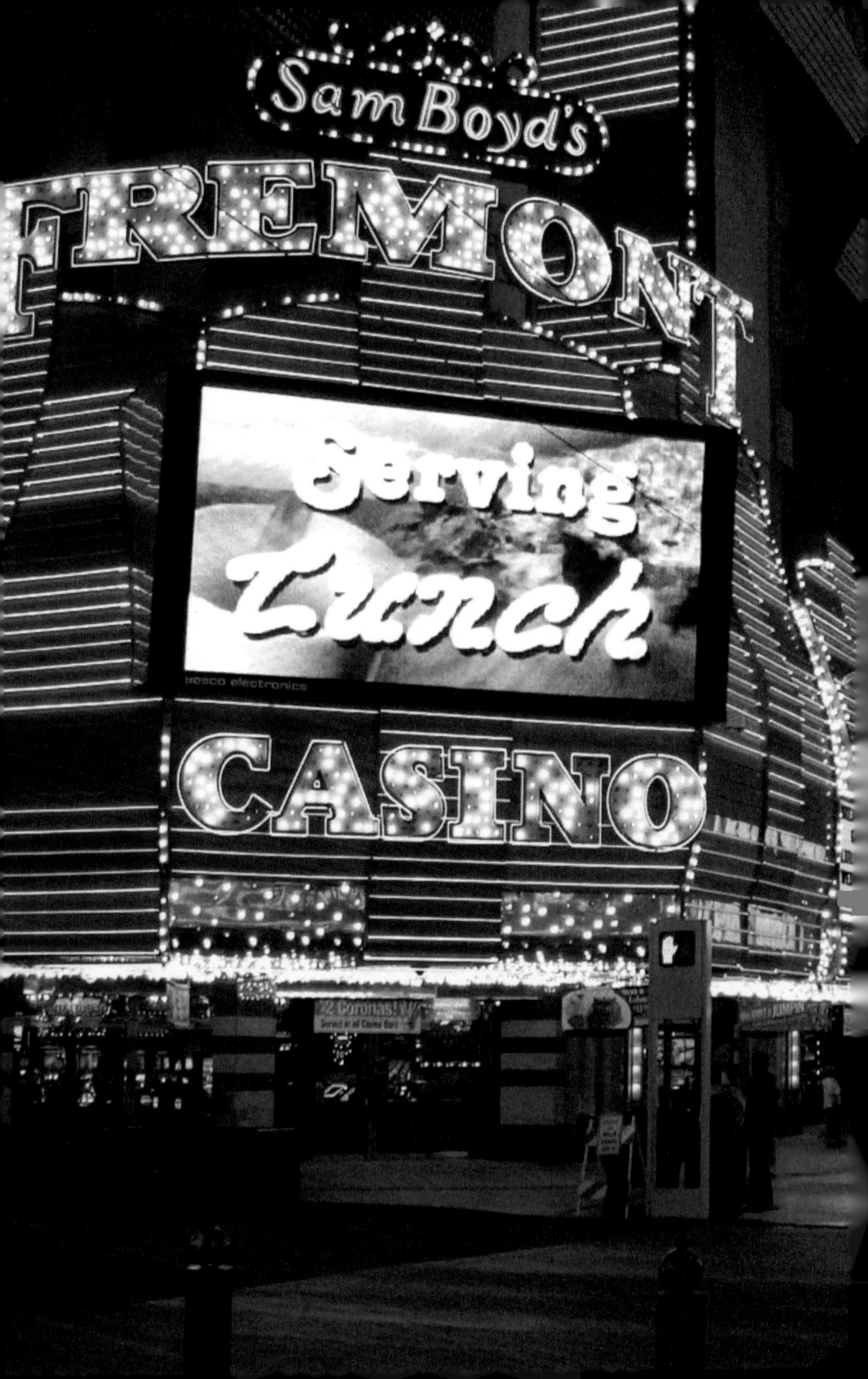
Sam Boyd's
FREMONT
Serving
Lunch
CASINO

#01 농구 보러 미국 갈까?

─────────────── 밤 12시, 곤히 자고 있는 아내 몰래 노트북을 들고나와 소파에서 NBA(미국 프로농구)를 보다가 생각했다.

'농구 보러 미국 갈까?'

아마도 난 그냥 현실에서 도망치고 싶었던 것 같다.

중학교 2학년, 만화 〈슬램덩크〉를 보고 농구를 시작했다. 슬램 덩크에 이어 '마이클 조던'이라는 완벽한 농구선수와 탱크 같던 '찰스 바클리', 그리고 무적 연세대의 서장훈과 이상민에 맞서는 언더독 고려대의 현주엽과 김병철. 난 점점 농구의 매력에 빠져 농구공을 끌어안고 잘 정도로 좋아하게 되었다.

하지만 반에서 키가 제일 작고 공부도 그럭저럭 잘하는 내가 농구선수가 되겠다는 건 대한민국에서는 용납되기 힘든 일이었 다. 아니, 그런 통념 속에 자랐던 탓일까. 애당초 농구선수가 되 고 싶다는 꿈을 꾸어 본 적도 없었던 것 같다. 그냥 집 앞 전봇대 앞에서 동생과 마이클 조던을 흉내 내보는 것이 전부였다. 좋아 하던 농구 대신 교과서를 달달 암기하던 내 학창시절은 나를 아 쉬움이란 단어를 품고 앞으로 나아가지 못하는 어른으로 만들 었다.

대학에 가서 고대하던 농구 동아리에 들어갔다. 학교 수업보다 농구를 한 시간이 훨씬 많았다. 동아리 선배한테 두들겨 맞으면 서 농구도 배우고 대회도 나갔다. 체육관에서 하는 농구 대회 몇 번 나가봤더니 농구선수라도 된 것 같았다. 하지만 현실은 그저 공부는 뒷전이고 취미 따위에 열을 올리는 한심한 대학생이었다.

시간은 빠르게 흘러 4학년이 되었고 처참한 학점으로 졸업했다. 취업활동은 험난했다. 직업을 막론하고 모집요강에 출신 학과가 보이면 그냥 지원했다. 졸업하고 5개월 뒤에야 겨우겨우 한 제약 회사의 영업사원으로 채용되었다. 하지만 역시 아무 생각 없이 들어간 제약회사는 나와 맞지 않았다. 제약회사에서는 1년을 겨우 버티다가 나왔다.

그제야 내 인생의 단추가 엉망으로 채워져 있음을 느꼈다. 회사를 그만두고 더 나은 미래를 위해 영어공부를 하겠다며 캐나다로 어학연수를 떠났지만 농구만 실컷 했고 어학연수를 조금 했다고 해서 달라진 건 없었다. 오히려 나이 먹고 취업만 더 힘들어졌다.

그렇게 가슴 한편에 아쉬움을 가지고 사회의 순리에 마지못해 끌려가듯 따라가던 나는 어느덧 결혼했고 불안한 직장과 함께 지켜야 할 가정이 생겼다. 하지만 여전히 밤늦게까지 농구를 보고 아침에는 회사에 지각했다. 점점 현실과 더 정면으로 마주해야 하지 않는가 하는 책임감과 죄책감에 스트레스가 심했다. 그래서(?) 아내가 잠든 후 몰래 농구를 보다가 결정해버린 것이다. '농구 보러 미국에 가겠다'고. 직접 미국 가서 농구 한 번 보면 농구 접고 멋진 가장이 되겠다고. 과자 먹고 사탕 먹고 또 마지막으로 한 번만 더 아이스크림 먹겠다고 떼쓰는 어린애처럼 나는 그렇게 미국으로 떠났다.

#02 거인들의 쇼 NBA

———————————— 물론 결혼한 나로서는 혼자
갈 수 없었다. 아기가 생기면 몇 년간 해외여행은 꿈도 못 꿀 것이
라는 말로 반협박하여 아내에게 승낙을 얻고 함께 여행을 계획
했다. 목적지는 LA를 강력히 밀어붙였다. 따뜻하다는 기후적 장
점, 그랜드 캐니언과 라스베이거스가 근접해 여러 곳을 둘러볼
수 있다는 지리적 장점을 아내에게 적극적으로 호소했다. 사실
NBA에서 유일하게 두 팀이 있는 도시로 최대한 많은 팀을 보고
싶었던 나에겐 이미 목적지는 LA일 수밖에 없었다.

일정은 설날이 끼어 있는 연휴의 앞뒤로 덕지덕지 유급휴가를
붙여서 11일을 계획하고 비행기를 예매했다. 회사에는 두 달 전
부터 팀장님한테 미국 여행 간다고 슬쩍 말을 꺼내놓고 가끔 환
기시켜 여행 기간에 업무가 쏠리는 것을 미리 방지하는 치밀함을

남자는 여행

발휘했다.

비행기를 예약한 다음은 NBA 경기 예매였다. LA에는 인기구 단인 'LA 레이커스'와 당시에는 비인기 구단이었던 'LA 클리퍼 스'가 같은 스테이플 센터(LA의 유명한 경기장 겸 공연장)를 홈으로 쓰 고 있었다. 두 경기를 예약했는데 제일 좋아하는 팀이었던 샌안 토니오 스퍼스와 LA 레이커스와의 경기, 당시 동경하던 선수가 있던 포틀랜드 트레일 블레이저스와 LA 클리퍼스의 경기를 예 약했다.

눈 깜짝할 사이에 두 달이 흐르고 처음으로 NBA 경기를 직접 보러 가는 날이 밝았다. TV 중계에서 봐오던 것처럼 빨간색과 파 란색의 스테이플 센터는 마치 '바로 이곳이 미국입니다'라고 말하 고 있는 것 같았다. 이틀 간격으로 두 경기를 관람했는데 내부 장 식부터 경기장 바닥까지 전부 홈팀의 로고나 색깔로 바뀌어 있었 던 걸 보고 팀의 브랜드 홍보를 얼마나 중요하게 생각하는지 알 수 있었다. 또한 LA 레이커스의 경기는 한 좌석의 가격이 120불 정도였는데 맨 꼭대기 자리였고 LA 클리퍼스는 비인기 구단이 었기 때문에 150불에 선수들의 바로 뒷자리에서 경기를 볼 수 있 었다. 같은 경기장의 NBA 경기가 이렇게 가격 차이가 나는 것이 신기했다.

매직 존슨(패스가 매직 같던 LA 레이커스의 전설적인 선수)의 동상을 지나치며 줄을 서서 티켓팅을 하고 경기장에 들어섰다. 그 순간 느껴지던 웅장함과 뜨거운 열기는 마치 영화에서 보던 로마 콜로 세움의 그것과도 같았다. 그렇다. 나는 압도적인 운동능력과 신 기에 가까운 기술의 괴물 선수들이 펼치는 세계 최고의 스포츠

엔터테인먼트, NBA를 보러 온 것이다.

두 번째 경기를 보러 갔을 때는 선수들이 앉는 벤치의 바로 뒷자리에 앉아서 그들이 등장하는 것을 눈앞에서 봤다. 제일 큰 선수가 2m 13cm였다. 도무지 나와 같은 인간이라고는 믿어지지 않는 모습이었다. 동양인보다 팔다리가 더 길어서 그런지 더 길쭉길쭉해 보였다. 그리고 건너편의 플로어 석에는 유명한 여배우, '제시카 알바'가 남자친구와 와있는 게 아닌가! 거인들이 뛰어다니는 모습을 할리우드 스타와 같은 눈높이에서 즐기고 있다니! 흥분이 안 될 수가 없었다. 아내도 연신 신이 나서 댄스 타임이면 덩실덩실 춤을 추었고 한 번은 그 모습이 카메라에 잡혀 천장 위의 거대한 전광판에 나왔다. 아내는 카메라를 향해 힘차게 손을 저으며 스테이플 센터에 모인 2만 명의 사람들에게 막춤을 선보였다.

그리고 당시 가장 동경하던 선수인 브랜든 로이(현재 부상으로 은퇴)가 자신의 커리어 톱 5 플레이에 선정된 덩크슛을 바로 그 경기에서 터트렸다.* 붕 하고 날아올라 강렬히 림(골대)을 내리치던 모습이 아직도 눈에 선하다. 이날은 나에게나 아내에게나 잊을 수 없는 짜릿한 추억으로 남게 되었다.

★ NBA에서 선정한 브랜든 로이의 커리어 TOP 10 영상(http://watch.nba.com/ video/channels/originals/2015/07/22/broy-career-top-ten-121211.nba)

#03 억만장자의 꿈

나는 여행지로 가는 비행시간을 사랑한다. 길면 길수록 지루하기는커녕 오히려 이 설렘을 품고 시간이 멈춰버렸으면 하고 바라게 된다. 여행에 대한 기대감과 설렘으로 내 뇌가 '흥분 모드'이기 때문일까? 비행기에서 보는 영화는 더 재미있다. 그리고 앞으로 벌어질 새로운 경험들을 창문 너머로 펼쳐지는 구름 위에 상상하고 그려보는 것은 방금 본 영화보다 더 영화 같이 느껴진다.

서울에서 LA로 가는 비행시간은 10시간에서 11시간 정도다. 일단 기내에서 제공하는 맥주랑 와인을 마구 마시면서 영화를 연달아 두 편 봤다. 그리고 그제야 구체적인 여행 일정을 짜기 위해 음악을 들으면서 공항에서 구매한 미국 서부 여행 가이드북을 부랴부랴 훑어 보았다.

라스베이거스도 들릴 예정이라 라스베이거스 편을 열심히 읽고 있었다. 라스베이거스는 카지노로 유명한 곳인 만큼 여러 카지노 게임의 룰이나 공략법이 소개되어 있었다. 그러던 중 나의 눈이 멈춘 곳은 블랙잭 공략법이었다. 가이드북에서는 이 공식만 외운다면 승률이 49%가 된다고 했다. 그 순간 나는 이미 억만장자가 되어 있었다. 평소 운이 좋은 편인 나는 49%에 내 운을 얹으면 무조건 딸 것이라는 의문의 계산법으로 자신감이 솟아올랐다. 결국 남은 비행시간 동안 나는 그 블랙잭 공략 공식을 외우고 있었다. 그렇게 즐거운 암기는 태어나서 처음이었다.

라스베이거스에 도착했다. 호텔의 규모에 입이 떡 벌어지고 화려한 네온사인에 눈이 휘둥그레졌다. 베네시안 호텔의 유명한 실내 하늘도 감상하고 세계 3대 분수라는 벨라지오 호텔 분수도 구경했다. 하지만 머릿속에는 끊임없이 블랙잭 공식이 맴돌았다.

밤이 오고 드디어 카지노의 블랙잭 테이블에 앉아 게임을 시작했다. 음료는 물론 주류도 공짜였고 담배도 피울 수 있었다. 1시간 정도 지나자 피곤했던 아내는 먼저 자러 호텔 방으로 올라가고 나는 본격적으로 억만장자가 되겠다고 눈에 불을 켜고 달려들었다. 하지만 돈은 죽죽 나가고 결국 ATM기에서 현금을 몇 번 인출했고 당시 내 월급의 반을 잃었다. "허허…" 헛웃음만 났고 어차피 잃은 거 조금 남은 칩이 다 없어질 때까지만 놀다 가자는 생각이 들었다. 자포자기하는 마음으로 옆 사람들과 하이파이브도 하고 술 먹고 즐기다 보니 어느새 새벽 5시, 잃었던 돈의 반을 다시 채웠다. 롤러코스터 같은 밤이었다.

돌아가는 길에 버스에서 자려고 하는데 가이드가 라스베이거스에 방문한 사람들이 평균적으로 쓰는(잃는?) 금액은 약 30만 원이라는 얘기를 해주었다. 그렇다면 나는 평균보다 훨씬 배짱 있는 남자인가 보다. 그 배짱때문에 아내한테 혼나기도 하고 살면서 손해도 많이 보지만 가끔은 한발 전진하면서 새로운 걸 경험하기도 한다. 그리고 당연히 억만장자의 꿈은 아직 포기하지 않았다!

#04 캘리포니아 해변과 자유

미국 여행 1년 전, 신혼여행을 발리로 다녀왔었다. 아무 생각 없이 신혼여행으로 검색해서 패키지여행을 다녀왔는데 발리에서 생긴 일을 떠올리면 지금도 치가 떨린다. 일생에 한 번 있는 신혼여행, 모든 걸 잊고 즐겨 보자고

비행기 타고 날아갔더니 가이드가 여기저기 가게에 데려가서 쇼핑을 시켰다. 학창시절, 군대 시절에 지독히 겪어서 그런지 자유를 억압받으면 피가 거꾸로 솟는다. 누굴 탓하겠는가! 알아보기 귀찮다고 패키지여행을 예약한 내가 죄인이었다. 닭의 머리를 가지고 있는 나는 똑같은 실수를 미국 여행에서도 했다. 1박 2일의 그랜드 캐니언, 라스베이거스 스케줄을 버스 패키지로 예약해 놓은 것이다. 메인 여행지인 LA에서 라스베이거스가 거리가 먼 것도 있었고 결정적으로 히치하이크를 위장한 살인마가 등장하는 미국 영화를 너무 많이 본 탓이다.

다행히 그랜드 캐니언, 라스베이거스 버스여행은 강제로 쇼핑을 시키는 일은 없었다. 그리고 이미 미국에 도착해 7일째로 꽤 지쳐있었기 때문에 패키지여행을 선택하길 잘했다는 생각도 들었다. 조잡한 내비게이션과 씨름하면서 렌터카를 운전할 필요가 없다는 것도 좋았다. 사전조사가 부족한 우리를 척척 주요 관광명소에 데려가 이런저런 부연 설명을 해주어서 합리적으로 시간을 쓰는 느낌도 들었다.

딱 하나 '정말 이건 아니다' 싶었던 것은 기껏 미국 라스베이거스까지 가서는 한국 식당에 데려가서 식사를 시키는 것이 아닌가! 일본인인 아내는 미국까지 와서 한국 음식을 먹어야겠느냐며 투덜거렸다. 나도 '이건 라스베이거스에서는 상상도 할 수 없는 일'이라며 거들었다(김치는 맛있게 먹었지만).

지금 생각해보면 처음 LA에 도착해서 일주일간 마음 내키는 대로 돌아다니던 시간이 가장 그립다. 뒷골목에 잘못 들어가 좀비를 방불케 하는 노숙자들에게 둘러싸인 일, 미국 부자들의 집

을 구경하겠다고 이리저리 헤매며 산책했던 베버리 힐즈. 우연히 아내가 동경하던 이케아를 발견해 반나절 동안 끌려다니며 윈도 쇼핑한 기억 등등 이것저것 실패도 많고 힘들기도 했지만 그만큼 더 기억에 남고 떠올리면 웃을 수 있는 추억이 되었다.

한 번은 렌터카로 캘리포니아 해변을 드라이브하고 있을 때 아내가 내려서 바닷바람을 쐬자고 했다. 차를 세워두고 바닷가로 걸어가고 있는데 먼저 내려 바다를 보고 있던 아내가 외쳤다. 저기 돌고래가 있다고! 태양이 바다에 반쯤 잠기며 온통 주황색인 바다에 돌고래 몇 마리가 솟구쳐 오르고 있었다. 그 순간 느껴지던 자유롭고 황홀했던 느낌! 몇 년이 지난 지금도 그때를 생각하면 가슴이 쿵쾅거린다.

미국 여행 갔다 오면 농구도 접고 멋진 가장이 되겠다고 다짐했었는데 여전히 아내는 철없는 날 챙겨주느라 고생이고 농구는 그때보다 더 열심히 하고 있다. 여행 다녀왔다고 사람이 변하는 건 아닌 것 같다. 하지만 퇴근길에 노을을 볼 때면 바다를 같이 바라보던 아내를 내가 얼마나 아끼고 사랑했는지 다시 한 번 떠올리게 된다. 영화 〈노킹 온 헤븐스 도어〉에서 천국의 이야깃거리는 바다밖에 없다고 하던데 나도 미국 여행에서 하나 제대로 된 걸 건진 느낌이다.

PART 2

남자, 그리고 일탈

오동규

썸day

이탈리아가 없는 이탈리아 여행기

혼자 다니는 사람에게 좌석티켓이란 일종의 즉석복권이다.

— 영화 〈오감도〉 중에서

──────────────── "안녕하세요! 게시판에 올리신 내용을 보니까 저랑 일정이 비슷한 것 같아요. 괜찮으시면 저랑 동행하실래요? 저는 30대 후반 남자랍니다^^."

이제는 이런 쪽지를 몇 번 보냈는지 기억도 안 난다. 내 생애 첫 유럽행 티켓을 끊고 난 후 내가 하는 일은 숨 쉬는 것과 유럽 여행 카페에 들어가는 것, 딱 두 가지였다.

유럽 여행 카페에는 관광지, 맛집, 추천 일정 등 여행에 필요한 다양한 내용이 있지만 나에게는 불필요한 정보였다. 내가 유일하게 보는 게시물은 "여행 친구 찾기" "동행 구함"에 올라오는 글이다. 하루에도 100개 이상의 글이 올라오지만 내 나름대로 세운 엄격한 기준에 의해 필터링을 한 후 상대방에게 쪽지를 발송한다.

"동행 하면 유럽 여행의 모든 경비를 제공합니다." "유럽 여행 전문가입니다. 이탈리아 르네상스를 주제로 박사 학위를 받았습니다"라는 글이 동행 구함 게시판에 올라와도 나와 같은 성별인 '남자'라면 재고의 여지도 없이 후보에서 탈락이다.

두 번째로 나보다 나이가 많은 누님들도 나와의 동행은 불가하다. 내가 가진 인적 네트워크 중 가장 풍부한 건 누나들이다. 지금 정도면 충분하다. 더는 내 인생에서 누나라고 부를 수 있는 사람이 생기지 않기를 매일 밤 자기 전에 기도하고 있다.

세 번째는 난 서울 표준말을 완벽히 구사하는 교양인이자 근의 공식을 통해 이차 방정식을 풀 수 있는 지성인이기 때문에 20대 초중반 여성도 눈물을 머금고 동행 후보에서 제외한다.

단. 모든 일에는 예외가 있는 법이다. 이 세 번째 원칙은 유연성을 갖고 상황에 맞게 대처하고 있다.

동행자를 구하는 글이 하루에 100개라면 남자가 올리는 글이 80개이고 20대 초중반 여성이 올리는 글이 18개이며 1개 정도는 누님들이 올린다. 결국 하루에 1개 정도만 내가 동반을 간절히 원하는 분들이 올리는 글이다. 그런데 문제는 경쟁자가 너무 많다는 사실이다.

경쟁자들은 유럽 여행 다수 경험, 출중한 영어 실력, 그리고 젊은 나이와 잘생긴 외모를 무기 삼아 그녀들을 선점한다. 이후 그들은 여행 후기나 블로그를 통해서 "이탈리아에서 미켈란젤로와 다빈치 그리고 인생의 동반자를 만났습니다"로 시작되는 글을 올린다.

경쟁자들과 비교하면 내가 가진 거라곤 앞으로 석 잔만 더 마시면 한 잔은 무료로 받을 수 있는 동네 커피숍 쿠폰 정도이다. 이런 쿠폰마저도 마지막 한 잔이 남았을 때쯤 그 자취를 감춘다.

지금까지 혼자 여행을 가면 누군가의 방해 없이 무언 수행을 하거나 책을 두 권 정도 정독하고 오곤 했다. 이번 유럽여행은 그렇지 않기를 간절히 원했으나 현실의 벽은 높고 단단했다.

출발 일주일을 앞두고 작전을 바꾸었다. 우선 여행 카페의 아이디는 "Red Wine"으로 바꾸었으며 나이는 밝히지 않았다. 그제야 반응이 오기 시작했다. 하지만 몇 번 쪽지를 주고받으면서 나의 외모나 나이를 알게 될 때쯤 그녀들은 "소개팅 후 애프터 신청" 때처럼 더는 답이 없었다. 답이 없는 것처럼 확실한 대답은 없다.

나같이 경험이 풍부한 사람은 이런 사태를 충분히 예측해서 미리 보험을 들어놓는다. 서두에 얘기한 것처럼 나의 인적 네트워크 중 가장 풍부한 건 누나들이다. 이 누나 중 한 명을 활용하기로 했다. 이 누나의 이름은 선영인데 엄격해진 개인정보 보호법 강화로 본명 대신 선0이라고 부르겠다.

선0 누나를 활용하기로 한 건 나의 유럽 여행 중 무언 수행을 방해하기 위한 목적이었을 뿐 남녀 사이의 순수한 목적으로 선0 누나에게 연락한 것은 절대 아니라는 것을 거듭 밝히고 싶다. 선0 누나는 그 당시 독일에 거주했으며 나의 목적지인 피렌체까지 21시간 동안 버스를 타고 와서 나를 만날 예정이었다. 하지만 "동행구함" 게시판을 통해서 누군가를 만나기로 되었다면 선0 누나가 21시간 걸려 왔든 지구 반대편에서 건너왔든 내 알 바 아니었다.

많은 사람이 나에게 그랬던 것처럼 "공중전화가 없어서 연락을 못했어" "가스 불을 안 끄고 오는 바람에 비행기를 못 탔어"라는 말도 안 되는 핑계를 대고 이후 술자리에서 멱살 몇 번 잡히면 모든 게 끝나기 때문이다.

하지만 결국 동행자는 못 구했고 머나먼 유럽에서 의지하며 믿을 수 있는 사람은 선0 누나 밖에 없었다. 단 아직 나에게 한 번의 기회는 더 남아 있었다.

출발 하루 전 비행기 좌석을 사전 예약할 수 있었다. 비행기 좌석은 퍼스트 클래스 자리가 가장 좋다고 생각하지만 사실 더 좋은 자리가 있다. 바로 예쁜 여자 옆자리이다.

인천에서 프랑크푸르트까지 11시간, 예쁜 여자 옆자리에 앉을 수만 있다면 충분히 나에게는 승산 있는 게임이었다. 우선 내 외모는 호감 가는 스타일(이라고 거래처 사장님이 술을 사주면서 말씀하셨다)이며 글을 읽는 동안 느꼈겠지만 유머 감각이 매우 풍부하다. 또한 이차방정식을 통해 근의 공식을 풀 수 있는 지성인답게 사회, 경제, 문화, 그리고 여성 아이돌 계보까지 모르는 게 없다.

예쁜 여자 옆자리에 앉기 위해서는 좌석 선택이 중요하다. 비행기 좌석은 한 줄이 보통 창가를 기준으로 2-4-2로 되는 것이 보통이다. 내가 노리는 건 바로 창가에 있는 복도 좌석이다. 결국 내 옆 창가 자리에 앉는 사람은 나처럼 혼자서 오는 사람이며 여자들은 창가 석을 선호하기 때문에 내 옆자리는 여자가 앉을 확률이 높다. 이 기준에 맞게 좌석을 예약했다. 이제 하늘에 모든 것을 맡기고 기다리면 된다.

여행 당일이 되었다. 혼자 여행을 갈 때 가장 설레는 순간은 내 옆자리에 누가 앉느냐이다. 아직 내 옆자리의 주인공은 오지 않았다. 심호흡을 하고 두 손을 모아 간절히 기도했다.

초등학교 시절 겨울이 오면 크리스마스 씰을 사서 결핵 환자들을 도와드렸으며 여자 후배들과 같이 있을 때 껌 파는 할머니가 오시면 껌도 사드렸다. 이제는 이런 선행에 대해 보상을 받고 싶기도 했다.

긴 생머리를 한 여자가 내 자리로 다가온다. 숨이 막히는 줄 알았다. "제발, 제발!" 하지만 그녀는 내 자리를 스쳐 지나갔다. 그리고 "오빠, 우리 자리 여기야!"라고 잘생긴 남자에게 손짓한다.

다시 한 번 심호흡을 했다. 비행기 출발시각이 얼마 남지 않았다. 아직 내 옆자리는 비어있다. 11시간을 편하게 가고 싶은 생각은 없었다. 좀 불편해도 괜찮았다. 눈을 감고 그동안 했던 착한 일들을 떠올려 본다.

이때 여자 목소리가 들려 왔다. "죄송한데 잠깐 들어 가도 될까요?" 분명 나한테 하는 얘기였다.

그녀를 바라 봤다. 전설 속에만 존재했던 이야기, 바 로 "예쁜 여자 옆자리에 앉

기"가 이루어지는 순간이었다. 그녀가 내 옆자리에 앉자 나는 준 비한 책들을 꺼낸다. 물론 책은 보지만 글자가 눈에 들어오지는 않았다. 1시간 동안 그녀를 곁눈짓으로 본다. 그녀는 특별히 잠 을 자는 것도 아니고 음악을 듣는 것도 아니었다. 다시 말하면 나 랑 얘기하고 싶은 눈치였다. 용기를 냈다. 그녀에게 말을 건넸다.

"여행으로 가시는 거에요?"

그녀는 나의 질문에 충실하게 대답을 하고 나의 말에 다섯 번 정도 웃음을 터트렸다. 하지만 그녀의 표정은 계속해서 어두웠 다. 그녀는 영국 더블린으로 어학연수를 가는 길이며 남자친구 가 보고 싶어서 다시 한국으로 빨리 가고 싶다고 한다.

비행기는 중국을 막 지나가기 시작했다. 중국을 밟지 않았음에 도 중국이 지겨워지기 시작했다.

중국을 벗어나면서 우리가 다시 얘기를 한 건 비행기가 프랑크푸 르트 공항에 도착한 이후 "잘 가세요"라고 나눈 인사가 전부였다.

11시간 동안 비행기를 타고 다시 최종 목적지인 밀라노까지 가 는 비행기를 2시간 기다렸다.

여행은 시작되지 않았는데 여행의 피로감이 몰려오기 시작했다. 어젯밤에 거의 잠을 자지 못했으며 비행기에서도 역시 전혀 잠을 자지 못했다.

밀라노행 비행기를 탔다. "예쁜 여자 옆자리"와 "운명적인 만남"은 이제 생각할 기력이 없었다.

다음 여행 아니, 다음 생애를 기다리면 될 일이었다.

에어컨 추위와 시차로 역시 기내에서는 잠자기가 어려울 것 같았다. 빨리 숙소에 도착해 잠을 자고 싶다는 생각밖에 들지 않았다. 가방에서 책을 꺼내서 보다가 선0 누나 생각이 나서 문자를 보낸다.

"누나, 나 밀라노 가는 비행기 탔어요. 울 누나 많이 보고 싶네요"라고 쓰고 전송을 할 찰나 익숙한 한국말이 들렸다.

"한국 분이세요? 저도 이 책 보고 있었어요." 그녀는 내가 가지고 있는 책과 똑같은 책 『소소하게, 여행중독』을 보여 주면서 나에게 말을 걸었다.

"밀라노에는 여행으로 가는 거예요? 저도 혼자 밀라노 가는데 반갑네요."

여행의 설렘이 시작되는 순간이다. 피로감은 사라졌다.

선0 누나한테 보내려고 했던 문자는 삭제했다. 누나에게 멱살을 잡힐 각오는 되어 있었다. 아니, 굳이 누나를 만날 일이 앞으로 없을 것 같았다.

이장호

게스트하우스, Jeju

취업과 제주도 사이

읍내에서 집까지는 차로 10분 거리. 하지만 나는 먼 거리를 돌아 해안도
로를 달린다. 하늘과 바다, 해녀의 물질, 혼자 혹은 무리 지어 걷고 있는
올레꾼, 검은 화산석 위에 옹기종이 모인 가마우지 떼. 평온이란 익숙한
것들이 지겹지 않게 느껴지는 것이다. 지금 이 순간처럼!

— 손명주, 〈제주에서 2년만 살고 싶었습니다〉 중에서

#01 한국에서의 험난한 취업

─────────────── 일본 료칸*에서의 일은 매우 안정적이었다. 적지 않은 급여에 익숙해진 업무. 일본에서의 5년 생활은 어느덧 신선함보다는 지루한 반복으로 다가왔다. 그러다 문득 지금 생활에 대한 미래를 그려보았다. 내 나이 서른 살, 시간이 흐르고 흘러 마흔 살이 되고 오십이 된 나를 상상한다. 만약 특별한 변화가 없는 한 이 자리에서 똑같은 업무를 하며 변함없는 하루하루를 보내고 있겠지? 이런 생각이 든 순간, 정신이 번쩍 들며 잠재되어 있던 도전 정신에 다시 불이 붙어 활활 타오르기 시작했다.

벌써 정해진 인생이라니, 그러기에 난 아직 너무 젊었다! 실패하더라도 도전이란 배를 타고 또 다른 인생에 도전장을 내밀겠다고 다짐했다. 결심을 굳힌 순간부터 모든 일은 일사천리로 진행되었다. 5년 동안 신세 졌던 료칸을 퇴사하고 한국으로 돌아왔다. 일본에서는 몸이 열 개라도 부족할 정도로 많은 업무가 밀려 있었고 나를 필요로 하는 사람들로 하루하루가 바쁘게 돌아가는 생활이었다. 그러나 한국에 온 그 순간부터 난 그저 일본어 좀 잘하는 백수 청년 신세에 지나지 않았다. 불안한 마음에 편히 쉴 틈도 없었다. 료칸에서 일한 업무 경력과 일본어 실력을 바탕으로 취업 전선에 바로 뛰어들었다.

어쩌면 자신을 한번 테스트해보는 좋은 기회가 온 것이다. '일

★ 료칸(旅館)은 일본 에도시대(1603~1868)부터 이어져 온 전통적인 일본의 숙박 형태이다. 일반적으로 다다미 형태로 이루어져 있다.

본어도 잘하고 해외업무 경력도 있으니 어렵지 않게 취업이 되겠지?'라는 생각은 면접을 보러 다니면서 바로 깨졌다. 일본 료칸을 잘 모르는 회사도 많았고 료칸 재직 경험을 경력으로 인정해주는 회사도 별로 없었다. 나는 경력사원으로 지원했지만 그건 혼자만의 착각일 뿐, 고용하는 기업 입장에서는 신입사원이나 다름없었다.

처음에는 내 경력을 인정해 줄 수 있는 일본계 회사를 노렸다. 서류에서도 많이 떨어졌지만 운이 좋게 서류가 통과하더라도 면접에서 번번이 낙방했다. 평범한 회사에 취직을 해야겠다는 생각은 점점 사라졌다. 취업할 가능성이 보이는 곳은 경쟁이 비교적으로 적은 보험·카드·부동산 영업회사들이었다. 일단 일을 시켜주는 곳부터 도전해보자는 마음으로 맨 처음 입사한 곳은 부동산 회사였다. 일만 잘하면 연봉 1억도 쉽게 가져갈 수 있다는 말에 '그래, 내가 원했던 건 이런 일이야! 남자는 한방이지!'라고 생각했다.

기대하던 한국에서의 첫 출근 날. 강남역은 출근하는 많은 사람으로 붐볐고 그중에 내가 포함되어 있다는 사실에 너무 뿌듯했다. 입사한 회사의 직원은 기대와는 달리 대부분 5~60대 여자분들이었다. 업무의 시작은 아침 체조였다. 체조 후 화이팅을 외치고 각자 자리에 앉았다. 여기저기에서 전화하는 목소리가 들리기 시작했다. 작은 칸막이마다 전화기 한 대가 놓여 있다.

내가 맡은 업무는 전화기로 아무 전화번호나 찍어서 전화한 뒤 부동산 투자에 관심이 있는지 물어보는 것이었다. 관심이 있다고 상대가 답하면 좋은 물건이 있다고, 사무실에 나오셔서 상담 한번 받아 보시라고 권하는 일이 주 업무였다. 그냥 말로만 들었을 때는 굉장히 쉬운 일처럼 생각되었는데 무작위로 전화하다 보니 전화 받는 사람의 90% 이상이 바쁘다거나 관심이 없다거나 심할 때는 욕을 하기도 했다. "야, 이 미친놈아, 할 일 없으면 발 닦고 잠이나 자!"라고 말하며 내가 마치 장난전화를 건 것처럼 대하는 것이었다. 몇 번 욕을 먹고 나서는 전화번호 누르는 게 겁이 났고 이 일은 내가 할 수 있는 일이 아닌 것처럼 느껴졌다.

일본에서 '아리마 온천'이 있는 지방의 시골에서 근무하다가 한국에서 가장 번화하고 유행의 거리라는 강남에서 양복 입고 출근한다는 사실이 너무 즐거워서 시작한 일이지만 하나도 즐겁지 않았다. 어렵게 찾은 일이었지만 1주일 만에 그만두기로 마음먹었다. 난 다시 백수가 되었다.

문득 계속 면접을 보러 오라는 ○○ 카드 회사가 생각이 났다. VIP 프리미엄 영업에 당신 같은 인재가 꼭 필요하다는 말에 면접을 보러 갔다. 강남역 근처 멋진 빌딩에 있어 장소는 정말 마음에 들었다. 면접을 보러 가자 나보다 젊은 친구들이 서너 명 보인다. 깔끔한 정장 차림에 젊은 친구들이 모여 있고 이곳이라면 왠지 즐겁게 일을 할 수 있겠다는 생각이 들었다. 무난히 3차 면접까지 합격하고 교육을 받은 뒤 업무를 시작했다. 이번에도 영업 업무였다. 빌딩 여기저기를 돌아다니면서 신용카드가 필요한지 물어보고 다니는 업무였다.

사무실 앞에서 담배를 피우는 사람들한테 '저 혹시 ○○ 카드 쓰고 계시는가요? 혹시 안 쓰고 계시면 ○○ 카드 어떤지 한번 보시는 게 어떠세요?' 대부분은 인상을 쓰며 필요 없다고 대답하고 건넨 팸플릿을 멀리 던져버렸다. 그리고 빌딩에 들어가서 홍보 팸플릿을 돌리자 경비원 아저씨가 뛰어나오면서 당장 나가라고 화를 냈다. 그래도 나름 우리 집안에서는 귀한 아들인데 내가 밖에 나와서 이런 취급을 받아야 하는 건지 정말 다시 일본으로 돌아가고 싶은 마음이 굴뚝같았다. 카드 영업 업무도 사람들한테 몇 번 거절당하다 보니 내가 할 수 없는 일처럼 느껴졌다. 일본에서는 뭐든지 잘해내고 인정받는 사람이었는데……

한국에 오니 제대로 할 수 있는 일이 하나도 없게 느껴졌다. 이렇게 적응 못 하고 무기력한 모습을 본 주위 사람들은 넌 왜 자꾸 쉬운 일만 하려고 해, 사회가 네 생각대로 되는 줄 알아? 라는 잔소리가 늘어졌고 난 한순간에 아무것도 할 수 없는 사람이 되어버렸다. 결국 카드 회사도 퇴사하고 잠시 생각할 시간을 가져야만 했다. 내가 진정으로 하고 싶은 일이 무엇인지도, 할 수 있는 일이 무엇인지도 모른 채 보내는 시간이 길어졌다.

#02 가자, 제주도로!

———————————— 한동안 집에만 있었다. 내 모습이 초라하게 느껴지고 밖에 나가 자신감 있게 누구를 만날 수 있는 상태도 아니었다. 매일 밤늦게까지 취업 고민을 하다가 새벽 3시쯤 잠들어 오전 11시쯤 일어났다. 창밖을 보면 어린아이들이 뛰어 노는 모습이 보였다. 내 또래의 젊은 사람들은 주변에 아무도 보이지 않았다. 정말 외로웠다. 그래도 이렇게 지내선 안 되겠다, 무엇이라도 해야겠다는 생각이 들었다. 그런데 그 무엇이

뭔지는 잘 알 수 없었다.

무작정 옷을 입고 어머니에게 잠시 어디 다녀온다며 가방에 옷 몇 벌 챙겨서 집을 나섰다. 어디로 가지? 스마트폰으로 무작정 여행지를 찾아봤다. 몇 군데 찾아보다가 예쁜 풍경 사진을 보고 제주도에 갑자기 가고 싶어졌다. 한 번도 가보지 못한 곳. 이번 기회에 한 번 가보자! 바로 비행기 티켓을 끊고 김포공항으로 향했다. 우울했던 기분은 금세 사라지고 들뜬 기분이 되었다. 여행은 지루한 일상의 비타민이 되어 주었다.

김포공항에서 비행기를 타고 제주공항에 도착한 순간 야자수 나무가 나를 반겼다. 렌터카를 빌리고 진짜 여행을 위한 준비를 했다. 마침 신촌의 한 고기집에서 아르바이트할 때 옆 가게에서 일했던 2살 어린 동생 지희가 생각났다. 아! 맞다 지희가 제주도에 살지? 라는 생각에 바로 지희에게 전화하자 마중을 나올 테니 '이중섭 거리'로 오라고 한다. 내비게이션에 목적지를 입력하고 당시 즐겨 듣던 이루마 곡을 들으며 바다를 낀 제주도의 도로를 시원하게 달렸다. 그날은 안개도 많고 태풍까지 상륙한 날이었다. 미친 듯이 반겨주는 듯한 제주도 날씨에 영화 '포레스트 검프'에서 댄 중위가 배 위에 올라가 폭풍과 싸울 때의 감정이 이런 것이 아녔을까? 하고 생각했다. 창문을 다 열고 바람과 비를 맞으며 소리 지르며 차를 몰았다. 세상과 싸우는 듯한 느낌, 그동안 쌓였던 스트레스가 한 방에 날아가는 듯했다. 살면서 한 번도 느껴보지 못한 시원한 기분!

지희를 만나 안부 인사를 나누고 우선 제주도 맛집에 가고 싶다고 하자 '제주도 땅콩 막걸리'를 마셔봤느냐고 물어본다. 막걸리를 정말 좋아하는 나는 '땅콩 막걸리'라는 말에 무조건 '그래, 거기 가자!'라고 외쳤다. 바다가 보이고 땅콩 막걸리를 파는 한 포장마차를 찾았다. 그곳에 도착하자 내가 인생을 제대로 사는 것 같다는 느낌마저 들었다. 바다를 보며 파도에 취하고 술에 취했다. 지희는 그렇게 좋은 술집을 내게 소개해주고 집으로 돌아갔고 난 혼자 땅콩 막걸리를 사서 바다를 보며 술을 좀더 마시다 밖에서 잠이 들었다. 추위서 깨니 오전 7시였다. 배도 고프고 또 어디를 가야 할지 고민도 되는 순간이었다. 어딜 가볼까? 여기저기를 물색하다가 제주도 민속촌이 눈에 띄었다. 왠지 구경거리도 많고 재미있을 것 같았다.

제주도 민속촌은 내 기대를 저버리지 않았다. 옛 초가집과 동물들이 나를 반겨주었다. 혼자서 사진도 찍고 동물흉내도 내보면서 즐겁게 돌아다녔다. 문득 즐거운 시간을 보내다가 잊고 있었던 숙소가 걱정되어서, 그제야 스마트 폰으로 검색해서 게스트하우스를 찾았다.

#03 어디까지 먹어봤니, 제주도 땅콩 막걸리!

———————————————— 돈이 별로 없었기에 저렴한 게스트하우스를 찾아보다가 '백팩커스'라는 곳을 찾았다. 1박에 당시 가격으로 25,000원 정도에 조식 포함이었다. 저렴한 숙박요금에 평도 좋아 인터넷으로 예약하자 담당자한테 바로 연락이 왔다. 15,000원만 더 내면 바비큐 파티에 참석할 수 있는데 참석할지 물어 봤다. 혼자 온 나에겐 정말 단비와도 같은 제안이었다.

아, 게스트하우스는 이렇게 재미있는 파티도 하는 곳이구나! 난 이제껏 이런 정보도 모르고 뭘 하며 산 거지? 세상에는 이런 재미있는 일들이 많은데 말이다. 왠지 뒤통수를 맞은 느낌이었다.

민속촌을 마저 다 구경하고 바비큐 파티 시간에 맞춰 게스트하우스에 체크인했다. 여행 온 사람들이 많이 있었다. 한국인 남자 4명, 한국인 여자 4명, 그리고 외국인 6명, 그렇게 파티가 시작되었다. 처음에는 남자들에게 말을 걸었다. 이름이 태식이라는 친구는 당시 26살로 나보다 네 살 어렸다. 이번에 취업에 성공해서 회사에 다니면 시간이 없으리라는 생각에 자전거 여행을 왔고 일주일째 자전거로만 여행 중이라 했다. 그 말을 듣는 '나는 왜 저 나이에 그런 도전을 못 해봤지?'하는 생각에 갑자기 부끄러워졌다. 그리고 남자 2명은 이번에 동반 입대를 하는데 군대 가기 전에 추억을 쌓고 싶어서 여행 왔다고 한다. 두 친구는 오토바이에 대한 로망이 커서인지 평소에 타보지 못했던 오토바이를 타고 여행 중이었다.

옆에 있던 네 명의 여성들에게도 물어봤다. "어디서 오셨어요?" 대답은 생각과 달리 좀 퉁명스러웠다. "왜요? 그게 왜 궁금한데요?" 내가 작업 거는 것처럼 보였나 보다. "그냥 저희끼리 놀게요." 새로 만난 사람들과 함께 이야기한다는 자체가 좋아서 물어봤는데 그녀들의 차가운 말투는 마치 "작업 걸지 마세요!" 하는 분위기인 것 같아 그다음부터는 말을 걸지 않았다. 그렇게 바비큐 파티가 끝나고 주인아저씨가 정한 규칙에 따라 설거지 다트게임을 했다. 다트 점수가 가장 낮게 나온 2명이 설거지를 하고 점수가 높게 나온 2명에게는 맥주를 준다는 것이었다. 여자들은 이런 게임에 관심이 없다는 듯 들어가 버렸고 결국은 남자 네 명이 모여 사이좋게 설거지를 했다. 그리고 나서는 계속 이어진 외국인 그룹의 술자리. 왠지 끼고 싶었다.

옆에 앉아 일단 맥주를 하나 시켰다. 잠시 정적이 흘렀을 때 바로 "Hey, what's up guys!" 라고 말을 걸자 마치 10년쯤 사귄 친구를 대하듯 "I'm good bro!"라는 대답이 돌아왔다. 그렇게 자연스럽게 외국인들의 대화에 끼어들었다. 100% 영어를 다 이해하지는 못했지만 모두가 웃으면 같이 웃고, 모두가 진지해 지면 똑같이 진지한 표정을 지었다. 아마 지나가는 누군가가 봤다면 영어를 꽤 잘하는 사람으로 착각할 정도로 외국인들과 스스럼없이 어울렸다.

독일에서 온 제니, 프랑스에서 온 존, 영국에서 온 제인. 다들 국적이 달랐다. 이야기 도중 왠지 이 친구들에게 내가 한국인임을 자랑하고 싶었고 한국을 좀 더 깊게 소개해주고 싶은 마음이 들었다. 영어로 "한국의 땅콩 막걸리 알아? 엄청나게 유명한 한국 술이야! 다들 마시러 가자!" 이렇게 외치자 모두 땅콩 막걸리를 외쳤고 "그래, 가자!" 라고 또 외쳤다. 모두에게서 환성이 터졌다. 바로 어제 지희 소개로 처음 갔던 포장마차에 두 번째 가는 것이지만 소개하는 자신감은 제주도 사람 이상이었다.

그렇게 모두 바다가 보이는 포장마차 테이블에 앉았다. 모두 환호성을 질렀다. "이렇게 멋진 곳에 난 처음 와 봐!"

내가 소개해 준 장소가 정말 마음에 들었나 보다. 그렇게 우린 포장마차에서 우정을 나누고 사진을 찍고 바다에서 어깨동무하고 춤을 추며 그렇게 제주도에서의 추억을 쌓았다. 다음날 새벽이 다 되어서야 게스트하우스로 돌아왔고 2시간 정도 잠깐 눈을 붙였다. 조식시간에 맞춰 나오자 다들 피곤한 기색으로 굿모닝 인사를 나누었다. 그날은 어디를 갈 것인지 묻기도 하고 그렇게 서로의 여행을 응원하면서 헤어졌다.

#04 여행지에서는 누구나 금방 친구가 된다

여행 셋째 날, 아침밥을 든든히 먹고 어디를 갈지 고민하다가 예전에 일본에서 일할 때 만난 한국 친구가 제주도에 '이니스프리 하우스'가 있는데 굉장히 멋지다고 한 말이 떠올랐다. 지도를 펴서 보니 묵고 있는 게스트하우스에서 차로 30분 거리였다. 그래 여기부터 가보자! 하는 생각에 음악을 들으며 목적지를 향해 가던 중 저 멀리서 앳된 얼굴의 여자 세 명이 손을 흔들고 있었다. 무슨 일이 생겼나 하고 차를 멈추고 물었다. "무슨 일 있어요?" "저희가 이니스프리 하우스에 가고 싶은데 차가 고장 나서 갈 수가 없어요! 좀 태워주시면 안돼요?" "나도 혼자서 다니기 심심했는데 타세요!" "아 고맙습니다!"

그렇게 뜻밖의 손님 세 명을 태우고 같이 가게 되었다. "어디서 왔어요?" 라고 묻자 "대구요! 오빠는 서울 사람이죠?" "어, 어떻게 알았어요?" "사투리 안 쓰시잖아요." 뭔가 순수해 보이는 아이들, 나이를 물어보니 이제 스무 살이 되어서 '우정여행'을 왔다고 한다. 여행지에서는 누구나 금방 친구가 된다. "도착하면 고마운데 저희가 유명한 녹차 아이스크림 사드릴게요!" "앗, 진짜요? 고마워요!" 10살이나 차이가 나지만 나를 오빠라고 불렀고 그렇게 이야기를 나누다가 금방 목적지에 도착했다. 내려서 여기저기 구경도 하고 서로 사진도 찍어주었다. 혼자 왔으면 셀카밖에 못 찍는데 덕분에 다양한 사진을 남길 수 있었다. 그렇게 사진을 찍고 구경한 뒤 녹차 아이스크림을 대접받았다. 아이스크림을 맛있게 먹으며 그녀들과 이런저런 이야기를 나누었다. 다음 목적지를 묻자 그날이 집으로 돌아가는 날이란다. "곧 공항에 가야 하는데 정말 아쉬운 것이 제주도 바다를 한 번도 못 들어가 봤어요. 그게 너무 아쉬워요!" 나는 그 말을 듣고 잠시 고민하다가 제안했다. "비행기 시간 몇 시야? 괜찮으면 지금이라도 같이 갈래?"

"네? 지금요?" "그래 지금! 가자!" 또 한 번의 환호성! 해수욕장을 검색했다. 그리고 에메랄드빛으로 눈부신 '협재 해수욕장'으로 향했다. 협재 해수욕장 바닷물은 정말 눈이 부실 정도였다. 바다를 보는 순간 너나 할 것 없이 옷 입은 그대로 바다에 뛰어들어갔다. 서로 넘어트리고 게임도 하고 수영도 가르쳐 주면서 그렇게 즐거운 시간을 보낸 후 다가오는 비행기 시간에 맞춰 공항까지 바래다주었다. "오빠 덕분에 너무 즐거웠어요." "아, 나도 너무 즐거워." "다음에 대구 놀러 오면 꼭 연락 주세요." "응 그래." 아쉽게도 아직 대구에는 못 놀러 갔지만 제주도에서의 추억은 영원할 것이다.

#05 게스트하우스, Jeju

─────────────── 다시 저녁, 그날 머물 곳을 찾
아보았다. 게스트하우스에서 바비큐 파티를 한번 즐겼던 터라 이
번에도 조건은 '바비큐 파티가 있는 숙소'가 우선순위였다. 이렇
게 검색하다가 찾은 숙소는 '봄날 게스트하우스'였다.

바닷가 옆에 있는 정말 예쁜 게스트하우스였다. 그리고 바비
큐 파티는 아니었지만 맥주 파티가 있는 곳이었다. 사실 바비큐
나 맥주 같은 건 이미 중요하지 않았다. 새로운 사람들과 만나 이
야기하는 것에 난 점점 더 재미를 느끼게 되었기 때문이었다. 원
래 당일 예약을 안 받는데 사정사정하면서 "제가 거기서 머물면
정말 최고의 제주도 여행이 될 거예요!" 라고 했더니 오라고 하셨
다. 그곳은 얼마 전 종영한 '맨또롱 또똣'이라는 드라마 촬영 장소
였다. 내가 갔을 때는 드라마 촬영 전이었고 바닷가 경치가 멋진
평범한 게스트하우스였다. 남녀 숙소가 따로 나누어져 있고 방
에는 2층 침대가 있었다. 샤워를 하고 게스트하우스 주변을 둘러
보니 뒷마당 쪽으로 멋지게 펼쳐진 바다가 보였다. 왜 그토록 많

　　　　　　　　　남자는 여행

은 사람이 제주도를 갈망하는지 의문이 풀리는 순간이었다. 그렇게 멋진 노을은 난생처음이었다. 그렇게 한 30분 동안 난 계속 석양을 바라보고 있었다. 그리고 잠시 뒤 맥주 파티가 시작되었다. 어떤 사람들이 참가할까 무척 궁금했다.

오후 8시부터 시작된 맥주 파티에 빙 둘러앉아 어색함을 나누었다. 참가 인원은 총 12명이었고 다들 나이가 나보다 조금 어리거나 비슷해 보였다. 서로 한 명씩 나이와 직업을 이야기하기 시작했다. 처음 자기를 소개한 친구는 부사관으로 복무 중에 여행을 왔다고 한다. 두 번째 친구는 가로수 길에서 지금은 서빙 일을 하고 있지만 꿈은 영화감독이라고 했다. 세 번째 어린 남자 친구는 군 입대 일주일 전에 혼자만의 추억을 만들려고 왔다고 한다. 그리고 돌아온 내 차례. 나이는 서른 살이고 꿈은 아직 없고 찾으러 왔다고 하자 모두에게서 응원의 박수가 흘러나왔다. 다들 공감할 수 있는 이야기였나 보다.

참석모임에서는 내가 가장 나이가 많았고 형 동생 하면서 그렇게 다들 친해졌다. 일주일 후에 군대 가는 동생을 위로해주고 영화감독이 꿈인데 너무 힘든 길인 것 같아 도전을 망설이는 친구한테는 한번 도전해보라면서 용기도 주고, 그렇게 다들 꿈 같은 장소에서 꿈 이야기를 나누며 친해졌다. 분위기가 한껏 무르익은 밤 10시, 사장님이 나타나 한마디 하신다. "파티 이제 끝입니다!" "엥? 이제 시작인데?" "그리고 지금부터 밖으로 나가시면 다시 입실이 안 됩니다." 사장님은 단호하게 말씀하셨다. 아쉽지만 술 먹고 일어날 수 있는 크고 작은 사고를 방지하기 위함이라 이해하고 동생들과 함께 들어가 잠을 청했다. 다음날 내 계획은 성산 일출봉에서 가서 일출을 보는 것이었다.

#06 성산 일출봉에서의 감동, 굿바이 제주도!

──────────────── 아무도 일어나지 않은 새벽 3
시, 주섬주섬 옷을 입고 나오자 컴컴해서 아무것도 보이지 않았
다. 그렇게 차에 시동을 걸고 성산 일출봉으로 향했다. 4시쯤 도
착하자 하나둘 일출을 보기 위해 차들이 몰려왔고 일출봉으로
올라가는 사람들이 보이자 나도 같이 올라갔다. 너무 힘들어서
정상까지 올라가면서 내 저질 체력을 저주했다. 나태하게 살아온
자신을 탓하며 계속 걸어 올라갔다.

　4시 40분쯤 정상에 도착 했다. 주변 사람들에게 일출 시각을
물어보니 7시나 돼야 볼 수 있다고 한다. 1시간 20분을 추위와
싸우며 그렇게 계속 기다렸다. 7시가 될 때쯤 더 많은 사람이 올
라왔고 주위에 지저귀는 새소리와 함께 저 멀리서 붉은 태양이
솟아올랐다. 주위에서 탄성 소리가 터졌다. "정말 예쁘다!" 그리
고 어떤 사람의 말이 귀에 들어왔다. "성산 일출봉에서 이렇게 멋
진 일출을 볼 수 있는 날이 일 년에 딱 3일 정도밖에 안 되는데 그
3일 중 하루가 오늘인 것 같아!" 왠지 나를 반겨주는 듯한 일출
을 기쁜 마음으로 만끽했다. 사람은 꼭 슬플 때만 우는 것이 아니
라는 것을 이날 알았다. 멋진 광경을 봐도 자연스럽게 눈물이 흐
를 수 있었기 때문이었다. 원래 눈물이 거의 없는 나이기에 성산
일출봉에서 흘린 눈물은 지금도 잊을 수 없는 추억이다. 그날의
일출을 보고, 세상을 살면서 이렇게 가슴 벅찬 감동을 느낄 수

있는 일이 몇 번이나 더 있을까 궁금해졌다. 왠지 그때는 앞으로
도 자주 느낄 수 있을 것 같았는데 막상 지금 생각해보면 그렇지
않았던 것 같다.

　그렇게 내 제주도 여행은 성산 일출봉에서의 멋진 기억을 끝으
로 마무리되었다. 집에만 있었다면 결코 있을 수 없었던 기적 같
은 일들이 연속으로 생겼던 제주도 여행. 인생의 슬럼프가 왔다
고 계속 방안에서 있었다면 그 시절의 내 기억은 불행이란 단어
로 덮어있었을 것이다. 돌발적인 제주도 여행은 취업으로 힘들었
던 그 시절을 멋진 기억으로 남게 해 주었다. 제주도에서 돌아와
서 내 생각은 많이 바뀌었다. 틀에 박혀있던 나를 집어 던지고 자
유를 꿈꾸게 되었다. 꼭 회사를 들어가야 일을 할 수 있는 건 아
니라고. 지금 이 순간을 소중하게 생각하고 많은 사람을 만날 수
있는 일이 너무 하고 싶다고 생각했다. 고맙다 제주도!

문상건

세상에 없는 풍경, 히피들의 성지

인도 함피에서 생긴 일

인간은 인간 사이에 살면서 인간을 잊어버린다. 모든 인간에게는 너무나
많은 겉치레가 있다. 저 멀리까지 보거나 저 먼 곳을 갈망하는 눈이 여기
에서 무슨 소용이겠는가!

— 프리드리히 니체, 〈차라투스트라는 이렇게 말했다〉 중에서

#01 그 자식

─────────────── 50루피를 더 주고 선택한 방갈로처럼 생긴 숙소에는 흔들 침대가 있었다. 규칙적으로 흔들거리는 건 모두 싫어하지만 엉덩이를 붙이고 앉았다. 나는 멍하게 앉아 방금 일어난 일을 다시 떠올렸다.

'그 자식은 왜 그렇게 화가 났을까?'

'내가 너무 등신처럼 보였나?'

어쩌면 내가 무언가를 잘못했는지도 모른다. 잘못을 찾으려면 내가 뱉은 짧은 영어들을 다시 기억하고 파헤쳐야 한다. 내 입에서 나간 영어는 언어라기보다는 중학교 영어 교과서의 몇 가지 예문 위에 눈빛과 손짓을 살짝 올린 정도라서 제대로 전달됐는지 몇 번이나 상대방에게 다시 확인해야 했다. 그렇게 하려면 이상한 소리와 몸짓을 또 해야만 했다. 아무리 생각해도 그 자식과의 만남은 불과 1분도 안 됐고 내가 한 유일한 말은 '나는 안 필요해, 괜찮아'였다. 그리고 두 번째 마주친 오늘 저녁, 나에게 몇 가지 추궁을 한 그 자식은 벼락처럼 덤벼들었다.

#02 세상에 없는 풍경, 히피들의 성지

─────────────── '세상에 없는 풍경'이라고 불리는 작은 마을은 말 그대로 이 세상의 것이 아니었다. SF영화 속 장면처럼 벽이나 책장 뒤 비밀 통로에서만 연결될 것 같은 신비롭고 생경한 풍광이 펼쳐졌다. 커다란 바위는 무심하게 흩어지거나 모여서 장관을 이루고 있었다. 마을의 첫인상에 대한 충격이 얼마

만큼 강렬한지 표현하자면 여행 전 인터넷상에서 이곳에 대한 사진을 검색했을 때의 놀람보다 당연히 크고 여행 후에 다시 검색하거나 심지어 내가 찍은 사진을 봐도 그 충격을 재현하지 못할 정도였다. 사진 따위는 '찰나의 순간'도 되돌릴 수 없으며, 오로지 정직하게 두 발로 이 땅에 선 자만이 그 감동을 알 수 있다.

다음으로 보인 것은 히피로 변해가는 여행자들이다. 무더운 7월의 비수기는 아직 히피들의 시즌은 아니다. 아마 그들은 조금 덜 더워지는 때가 오면 히피가 될 것이다. 히피라는 것은 사실 정해진 형태는 없다. 한동안 감지 않아 덕지덕지 소똥이 묻은 것 같은 머리를 땋은 일본인 남자, 온몸에 문신을 했는데 그 문신이 조카의 낙서처럼 일정하지 않은 할머니, 훈련병처럼 빡빡 민 머리에 입술과 혀에만 피어싱이 열 개쯤 있는 서양 여자, 마리화나에 취해 흐느적한 웃음을 짓는 정체불명의 사람까지 모두 히피이거나 아니다. 하지만 히피라면 늘 정신이 반쯤 나가 있고 밤마다 축제를 벌인다. 그들은 그들만의 방식으로 수행하여 진지한 명상 중에도 온전히 집중한 것으로 보이지 않고, 순수하기에 단순한 수다도 페스티벌처럼 쾌락적이었다. 나는 나흘 전에 이곳에 왔다. 여기는 인도의 남쪽에 있는 작은 마을 '함피'다.

함피는 자그마한 강을 기준으로 안과 밖으로 나뉜다. 호스펫역에서 버스를 타고 도착하게 되는 강 바깥 지역은 유명한 사원과 전망대 역할을 하는 바위 언덕이 있고 옷 가게, 잡화상점, 음식점이 몰려있다. 게스트하우스도 많아 배낭 여행자들이 원하는 수준의 방을 구할 수 있다. 숙소 몇 군데를 돌아보다 허름하고 조용해 보이는 한 곳을 골랐다. 그러나 너무 지친 탓에 대충 고른 것이 실수였다.

숙소를 고를 때는 반드시 점검해야 할 것이 있다. 햇빛이 잘 들어야 빈대가 없으니 커튼을 다 걷어 내봐야 한다. 남향이건 북향이건 상관없이 방이 밝아질 만큼의 빛의 양이 필요하다. 전등을 켜서 불이 죽은 전구는 없는지 봐야 하고 변기 물은 잘 내려가는지, 수압은 괜찮은지, 모기가 들어올 구멍은 없는지, 문에 잠금 장치를 할 수 있는지, 빨랫줄을 걸만한 튀어나온 무언가가 있는지 정도는 기본이다. 농담 삼아 더하자면 침대 밑에 망자가 누워 있지는 않은지 확인하면 좋다. 내 침대가 동시에 누군가의 관으로 쓰일 수는 없으니까.

그러나 내가 잡은 숙소는 화장실 전구는 죽었고 방충망은 찢어져 있었다. 휴대전화로 음악을 틀고 촛불 속에서 샤워를 했다. 빨아서 탈탈 턴 수건을 창문틀 사이를 연결한 빨랫줄에 걸어둔다. 누가 보든 말든 창문을 활짝 열고 속옷만 입고 누웠다. 이 더위에 남녀노소 누구도 옷을 입고 잘 수는 없다. 잠들 사이도 없이 모기와의 전쟁이었다. 두루마리 휴지부터 책까지 던져가며 모기를 잡으려고 별 짓거리를 다 하고 있는데 누가 문을 두드린다. 호스트가 웃으며 살충제를 주고 간다. 남 모기 잡는 것은 왜 보고 있었을까. 내가 보여준 꼴인가.

#03 히마쿠타 힐, 마탕가 힐

———————————— 해가 뜨자 서둘러 가방을 챙겼다. 우기가 시작되고 있었고 날씨가 좋은 몇 시간을 놓치지 말아야 했다. 바나나 몇 개, 물 한 병을 챙겨서 히마쿠타 힐로 갔다. 히마쿠타 힐은 흔들바위처럼 굴러 내릴 거 같은 바위들만 모여 바위산을 이룬 곳이다. 언덕을 넘고 길을 바꿀수록 익숙해지기보다는 감탄사가 흘렀다. 신은 분명 세상을 모래와 찰흙으로 빚었을 터다. 그러다 남은 찰흙으로 수제비나 새알 만들 듯이 돌돌 굴려 말아 그것들을 함피에 뿌린 것이다. 신의 놀이터 같은 이곳에서 시간을 보내다 뜨거운 해를 피하려 그늘을 찾으면 어김없이 먼저 온 이들이 명당을 차지하고 있었다. 어제도 내일도 그곳에 존재하는 여행자들은 이 독특한 바위 언덕의 매력에 푹 빠졌다. 나는 온종일 구석을 찾아다니다가 해 질 녘에 내려왔다.

다음 날 역시 히마쿠타 힐에서 오전을 보내고 점심을 먹은 뒤 낮잠을 잤다. 볼거리가 지천으로 있었지만 급해지고 싶지 않았다. 담을 만큼 보면 되고 기억할 만큼 배우면 되는 게 여행이다. 세계적인 명물을 옆에 두고 돌아서더라도 순간의 감정을 지키는 것이 옳다고 믿는다. 해가 누울 때가 되자 일몰과 일출이 장관이라는 '마탕가 힐'에 가고 싶어졌다. 무작정 길을 나선 뒤 걸음을 서둘렀다. 젊은 인도 청년들이 무리 지어 있는 언덕 입구를 지나는데 잠깐 오라고 손짓한다. 자기들끼리 뭐라고 연신 웃고 손가락질을 하는데 알아들을 수 없다. 이럴 때면 늘 그렇듯이 나도 그네들을 가리키며 몇 마디 아무 말이나 던지다가 엄지를 척 들어 보이고 사라진다. 그래도 뒤에서 웅성거리고 고함이 들리면 연예인

들이 하는 것처럼 반듯하게 웃으며 손을 흔들어 준다.

화살표가 가리킨 방향으로 오르는데 길이 미로처럼 어렵다. 돌고 돌아 맞는 길을 찾자 하산하는 여행객과 마주친다. 입구에서 만난 청년들은 지름길을 알려주려고 한 거다.

함피는 아주 작은 마을인데 마을에서 조금만 벗어나도 곧 황량한 땅이 된다. 수년 전 그곳에서 성폭행과 살인이 있었다. 그 때문에 낮은 물론이고 해가 지고 난 후에 혼자 다니는 것은 매우 위험하다. 이 작은 마을에서는 보이지 않는 울타리가 느껴진다. 낮에는 울타리를 넘을 수 있지만 밤이 되면 그 울타리 밖은 아무도 갈 수 없다.

겨우겨우 힘겹게 정상에 올랐다. 위에서 내려다본 함피의 풍경은 다시 말해도 아깝지 않을 만큼 이 세상의 것이 아니었다. 숨을 고르고 있는데 누가 옆에 슬쩍 앉는다. 또다시 인기척이 나며 동행이 늘었다. 누군가 싶어 고개를 돌리니 원숭이 서너 마리가

똑같이 함피에 빠져있었다. 사람을 무서워하는 시늉조차 하지 않는 이들은 사람보다 더 사람 같은 모습으로 일몰의 주인이 됐다. 이 녀석들에게는 내가 하나의 부조화일 것이다. 해는 빠르게 떨어졌고 서둘러 발길을 되돌렸다. 그런데 신발이 문제였다. 조리를 신고 왔더니 바위에서 미끄러져 도저히 서둘러 내려갈 수가 없었다.

어둠은 빨리 감기 버튼을 눌렀고 함피의 보이지 않는 울타리가 점점 선명해지는 상상이 일었다. 두려웠다. 무서운 생각과 떨리는 뒤꿈치에 식은땀을 쏟으며 내려갔다. 아까 무리 지어 있던 동네 청년들도 모두 사라지고 빛도 거의 사라져 어둠이 깔렸다. 아! 아! 아! 소리 지르며 전력질주 2분 만에 다시 울타리 안으로 들어왔고 다시 살아있는 세상에 섞였다. 다음 날은 강 건넛마을로 가기로 했다.

#04 사건의 발단

──────────────── 강이라고 해봐야 보트 타고 5
분이면 건널 수 있는 좁은 폭을 가지고 있었다. 보트에서 내려 숙
소를 찾으러 가는데 한 남자가 따라붙었다. 오토바이를 대여해
주는데 작은놈을 100루피에 해주겠단다. 종일 100루피면 괜찮
은 가격이다. 'All day, 100루피?' 5번 연속으로 짧게 물었고 그는
'Yes'라고 대답했다. 좋은 제안이었다. 그런데 나는 숙소를 정하
는 게 먼저다. 그래서 거절했더니 나중에 오토바이를 빌릴 테면
꼭 자기를 찾으란다. 이름을 알려주고 어디에서 찾으면 되는지,
자기 코에 난 점을 기억하라며 신신당부를 했다. 그러겠다고 약
속했다. 흔들침대가 있는 숙소에 도착하고 짐을 내렸다. 오랜만
에 오토바이 손잡이를 당기고 싶었다. 나는 그 남자를 찾으러 나
섰다. 숙소를 나와 오른쪽 모퉁이를 도는데 웬 남자가 대뜸 말을
걸었다. 이 남자가 바로 나중에 '그 자식'이 된다.

"헬로우, 마이 프렌. 어디 가니?"

"그냥 동네 구경 중이야. 나 방금 도착했거든."

"오토바이 대여해줄까? 우리 집 오토바이는 말이야……."

그다음 말부터는 알아들을 수 없었다. 내 영어 실력도 형편없
지만 그의 인도식 영어는 유난히 발음이 안 좋아서 알아듣기 힘
들었다. 짐작으로는 오토바이의 기술적인 부분에 관해 설명하는
거 같은데 그런 어려운 단어들에 대해서 마땅한 대답이 떠오르
지 않았다. 그는 꽤 먼 거리를 따라오며 말을 했다. 나는 어떤 대
답이라도 해야 했다.

"미안해. 나는 오토바이 안 필요해. 괜찮아."

그렇게 그를 돌려세웠다. 나는 보트에서 내렸던 곳으로 다시 갔다. 그곳에는 약 30대의 오토바이와 열 명 정도의 호객 무리가 섞여 있었다. 나는 꿋꿋이 코에 점이 난 남자를 찾았다. 모두 'All day, 100루피'를 외쳤지만 거절했다. 20분쯤 기다리니 드디어 코에 점이 있는 남자가 나타났다.

"헬로우~ 프렌. 나야."

"응?"

그는 나를 기억하지 못했다. 나는 그에게 수많은 관광객 중 한 명에 불과했다. 장사치답게 눈치가 빠른 남자는 한 박자 늦게 반갑게 맞아주었다. 오토바이를 빌리며 물어보니 이곳에 있는 호객 무리는 같은 회사 소속이었다. 누구한테 오토바이를 빌렸든 상관이 없다는 거다. 바보 같았지만 나는 어쨌든 약속을 지켰다. 오랜만에 신나게 오토바이를 탔다. 웃기는 장면도 많이 본다. 오토바이를 처음 타는 남자들은 바퀴 두 개 달린 고철에 끌려간다. 그들은 급발진과 급정거로 만신창이가 된다. 폼만 봐도 탈 줄 모른다고 적혀있는데 태연한 척한다. 한강 둔치에서 여자친구의 자전거를 끌어주는 것처럼 오토바이를 끌고 가지만 이마에 땀이 송골송골 맺히고 손등에 핏줄이 서 있다. 여자 두 명이 탄 오토바이도 제정신은 아니었다. 꺅! 소리를 내며 자빠지자 인도 청년들이 달려들어 여자들을 일으켜 준다. 이런 일에도 싱글벙글하는 것이 여행이다. 처음으로 온 마을 구석구석까지 탐사하며 지도를 머리에 새겼다. 오토바이를 반납하고 내일 움직일 코스를 마음속으로 정하며 숙소로 돌아가는 길이었다.

#05 약속

───────────────────── 날은 다시 어두워지고 있었고
전등 불빛이 들어오기 전의 흙길은 다시 안전한 곳과 위험한 곳
의 경계가 생겨나고 있었다. 쫓기는 마음으로 터벅터벅 걷는데
누가 말을 걸었다. 어둠 속에서 자세히 뜯어보니 아까 오토바이
의 기술적인 부분에 관해서 설명하던 그 남자였다.

"너 어디 다녀오니?"

"동네 구경하고 오는데?"

"너 아까 오토바이 필요 없다며?"

따지는 분위기가 심상치 않았다. 그는 말소리보다 머리를 먼저
들이밀었다. 고민이 시작되었다. 이길 수 없는 싸움이었기 때문
이다. 무엇보다 싸우고 싶지도 않지만 언제나 싸움은 한쪽이 격
렬하게 원하면 이뤄지기 마련이다. 그가 덤벼든다면 가만히 있을
수는 없었다. 그는 내가 뱉을 다음 말을 먹잇감을 앞에 둔 맹수처
럼 기다렸다.

"미안해. 네가 하는 말을 전부 이해하지 못했었어. 그리고 다
른 사람과 약속을 했었어. 내일은 너한테 갈게."

나는 최대한 침착하고 부드럽게 말했다. 그는 기가 차다는 표
정으로 쳐다봤고 나는 그사이에 그를 앞질러 숙소로 걸었다. 그
순간 그의 일갈이 터졌다.

"야, 이 새끼야! 이 세상에서 아무 쓸모도 없는 게 약속이야!"

50루피를 더 주고 선택한 방갈로처럼 생긴 숙소에는 흔들 침대
가 있었다. 규칙적으로 흔들거리는 건 모두 싫어하지만 엉덩이를

붙이고 앉았다. 멍하게 방금 일어난 일을 다시 떠올렸다.

　욕은 할 때도 있고 들을 때도 있다. 우리는 우리가 들었던 욕을 얼마나 기억할까. 아마 대부분 잊고 지낼 것이다. 그런데 충격적인 말이라면 다르다.

　시간이 얼마나 흘렀을까. 그의 말도 틀리지 않았다는 생각이 들었다. 도대체 약속이라는 것이 얼마나 중요한 것이길래 낯선 여행지에서 그렇게 혼자 미련을 부려가며 20분 넘게 코에 점이 있는 사람을 찾아야 하냔 말이다. 결국 약속에 대한 일종의 강박이 있는 내가 문제의 원인을 제공했다는 생각을 했다.

　그 자식도 안쓰러웠다. 아마 자신의 많은 약속이 지켜지지 못한 경험이 있을 것이다. 그래도 약속을 아무것도 아닌 감정의 배설로 취급한다면 우리 삶은 너무 건조하다.

　다음 날은 그 자식의 오토바이를 빌렸다. 우리는 웃었고 어제 일은 그가 말한 약속보다도 더 아무것도 아닌 일이 되어 있었다.

PART 3

남자의 유럽여행

윤현명

고대 로마의 전쟁터를 가다

이탈리아 남부 칸나에

사람들의 중상과 조소가 두려워 이미 결심한 전략을 버린다면 나는 더 나약한 사람이 되어버리는 것이오. 나라의 안전 때문에 몸을 사리는 것은 수치가 아니지만, 사람들의 그릇된 비난에 자기 뜻을 굽힌다면 중책을 맡을 만한 사람이라고 할 수 없소.

— 파비우스 막시무스, 〈플루타르크 영웅전〉 중에서

유럽 여행 16일째, 로마 테르미니(Termini) 역에서 바를레타(Barletta)로 가는 기차에 올랐다. 이동이 새삼스러운 것은 아니지만 낯선 느낌이 들었다. 관광지가 아니었기에 기차 안에 여행자로 보이는 사람도 없었다. 사람들은 나에게 이탈리아 남부를 여행한다면 폼페이, 나폴리에 가보라고 했지만 내 목적지는 칸나에(Cannae) 뿐이었다. 바를레타 행 기차를 탄 이유도 그곳에 가기 위해서였다. 어릴 적부터 나는 고대 그리스와 로마, 유럽 근대사 관련 책을 즐겨 읽었고 그 배경이 되는 유럽에 꼭 가보고 싶었다. 그래서 도쿄에서 유학 생활을 하는 중에 시간을 내어 유럽에 오게 되었는데 여행을 하면서 예정에 없던 '칸나에'에 가고 싶다는 생각이 자꾸만 들었다.

칸나에는 이탈리아 남부의 유명한 고전장(古戰場)이다. 기원전 3세기에 이탈리아 반도를 통일한 로마는 북부 아프리카의 카르타고(Carthago)와 전쟁을 벌였는데, 이때 카르타고의 명장 한니발은 뛰어난 전술로 칸나에에서 약 5만여 명의 군대로 약 8만 7천 명의 로마군을 섬멸시켰다. 이것이 너무나도 유명한 '칸나에 전투'이다.

그 평원에 한번 가보고 싶었다. 탁 트인 넓은 평원에 서보고 싶었고, 거기서 한니발군과 로마군의 전투를 떠올리고 싶었다. 전에도 이런 생각을 막연하게나마 했었는데 실행할 엄두가 나지 않아 마음속에만 묻어두고 있었다. 더구나 그곳은 관광지가 아니기에 어떻게 찾아가야 할지 너무나 막막했었다. 하지만 파리, 피렌체, 로마 등 유명한 도시들을 돌아다니면서도 칸나에에 가고 싶다는 소망은 점점 커졌다.

'내 인생에서 이탈리아를 또다시 올 수 있을까? 그리고 다시 올 땐 칸나에에 갈 수 있을까? 맞다! 지금 난 이탈리아에 와있고 혼자 여행 중이다. 누군가랑 같이 온다면 절대로 칸나에를 찾는다고 관광지도 아닌 지방에서 길을 헤매며 걸을 수 없다. 지금이 제일 좋은 때다.'

그렇게 가보기로 결정을 내리고 피렌체, 로마를 여행하면서도 칸나에로 가는 방법을 알아보았다. 그 후 나는 칸나에가 '바를레타'라는 소도시에 인접해 있다는 것을 알아내는 데 성공했고 부랴부랴 바를레타 행 기차에 오르게 되었다.

#02 바를레타

———————————————— 5시간이 걸려서 마침내 기차가 바를레타에 도착했다. 숙소를 찾는 게 급선무였지만 먼저 역무원에게 이곳 바를레타에서 칸나에로 가는 기차가 있는지 물어보았다. 다행히 있다고 한다. 이제는 확실하게 칸나에로 갈 수 있다. 칸나에로 가서 숙소를 잡을까 하고 사람들에게 물어보니 칸나에에는 마땅히 머물 곳이 없다는 대답을 해준다. 그래서 바를레타에 숙소를 잡고 다음 날 칸나에에 가기로 했다.

바를레타는 관광지와는 거리가 먼, 남국의 정취가 풍기는 조용한 도시였다. 동양인은 나 혼자였고 사람들이 힐끔힐끔 쳐다보기도 했다. 영어는 거의 안 통했지만 한니발이 로마와 싸운 칸나에 평원을 보러 왔다고 말하자 '칸나에' '한니발'은 알아듣는 눈

남자는 여행

치었다.

이 사람, 저 사람에게 물으면서 한 시간쯤 걸었는데 거리에서 만난 어떤 사람이 펜션으로 안내해주었다. 펜션 주위로 파란 바다가 펼쳐져 있었다. 나도 모르게 탄성을 질렀다. "바다다!"

도착한 곳은 중년의 부인이 운영하고 있었는데, 아침 식사가 제공되고 혼자 방을 쓰면 40유로, 같이 쓰면 25유로라고 했다. 오래간만에 혼자 방을 쓰고 싶어서 40유로짜리 방을 선택했다.

숙소에서 나와 주위를 거닐었다. 시원하게 펼쳐진 바닷가를 끼고 걸었다. 더 걷자 마을이 나타났다. 그냥 평범한 주거지였다. 고기나 야채를 파는 가게가 있었고, 모여 있는 마을 사람들이 자연스럽게 웃고 떠드는 흥겨운 분위기였다. 이제껏 돌아다닌 곳은 대부분 관광지였는데 이곳은 느낌이 사뭇 달랐다. 그냥 마음이 편안하면서도 들떴다. 밖에 나가길 귀찮아하고 집에서 책 보는 것을 좋아하는 나에게도 낯선 거리를 걷고 싶은 로망은 있다. 나는 특히 노을이 있는 초저녁에 인적이 드문 낯선 거리를 걷고 싶었다. 바를레타를 거니는 느낌이 바로 그런 것이었다.

하지만 달콤한 정경 후 반전이 있었다.

해 질 무렵 숙소로 돌아오는데 먹구름이 끼고 바람이 불기 시작했다. 그 상태에서 낮의 그 바닷가를 다시 지나게 되었는데, 파랗고 평화로운 모습은 간데없고 음침한 풍경만이 남아 있었다. 비가 조금씩 내리고 바람 소리가 들리는데 살인 사건이라도 날 것 같은 을씨년스러운 분위기였다. 더욱이 멀리서 자동차가 헤드라이트를 켠 채 멈추어있었고, 그 옆에 두 명의 남자가 서 있는 것이 보였다. 마치 공포 영화의 한 장면 같았고 진짜로 무서웠다. 불과 두세 시간 사이에 분위기가 이렇게 바뀐 것이 믿어지지 않았다. 무시무시한 바닷가를 빨리 지나치기 위해 숙소를 향해 뛰어갔다.

이튿날은 유럽 여행을 시작하고 맞는 세 번째 금요일이었다. 나는 칸나에로 향했다.

#03 칸나에

———————————— 칸나에는 바를레타에서 그리 멀지 않았다. 불과 역 하나 떨어진 거리였다. 역에서 내렸는데 기차역이라기보다는 그냥 버스 정류장 같았다. 매표소나 화장실, 벤치도 없는 황량한 역이었다. 당황해서 차장에게 여기가 칸나에 맞느냐고 물었더니 잘 가라면서 손을 흔들어주었다. 마치 외딴곳에 나 혼자 떨어진 것 같았다. 혼자 남아 주위를 둘러보니 완전히 시골이었다. 더구나 주위가 온통 포도밭이었다. 거대한 트랙터인지 경운기를 타고 지나가는 농부가 이따금 보였다. 순간 당황했다. '아니 수만 명이 뒤엉켜 싸우는 평원이라야 하는데 이건 그냥 산 있는 시골이네. 여기 칸나에 맞아?'

건너편 언덕에 우뚝 솟아있는 비석이 보였다. 저곳에 가면 무언가가 있지 않을까? 혹시나 하는 마음에 비석을 향해 언덕에 오르기 시작했다. 잠시 올라가

남자는 여행

니까 조그마한 박물관 같은 곳이 보였다. 박물관에서는 칸나에 전투에 대한 설명, 약간의 전시품이 있고 기념엽서 같은 것을 팔고 있었다.

제대로 찾아온 것이다! 박물관에서 나와 비석이 있는 정상을 향해 계속 올라갔다. 정상에 오르니 시야가 탁 트이면서 평지가 펼쳐졌다. 물론 지금은 그냥 평지가 아니다. 포도밭으로 변했기 때문이다. 하지만 포도밭만 없으면 평원이 된다. 저 멀리 바다가 보였다. 주위를 둘러보니 거대한 비석, 몇 개의 안내문, 중세시대(?)의 것으로 생각되는 요새의 폐허가 있었다. 칸나에 전투를 생각하며 평원을 내려다보았다. 언덕 위에는 나밖에 없었다. 적어도 2시간 동안은 나 혼자였다.

#04 한니발

──────────────── 기원전 3세기 로마는 힘을 키워가며 이탈리아 반도를 통일했다. 즉 이탈리아 반도 전체가 로마의 영토 또는 로마의 동맹 시가 된 것이다. 이탈리아를 통일한 로마는 지중해로 세력을 뻗어 나가다가 북부 아프리카의 카르타고와 충돌하게 되었다. 기원전 8세기에 건국되었다고 하는 로마와 기원전 9세기에 세워졌다고 하는 카르타고. 둘은 시칠리아 섬, 아니 지중해의 패권을 두고 기원전 264년에 전쟁을 시작했다. 이것이 제 1차 포에니 전쟁(기원전 264년~기원전 241년)이다. 전쟁은 밀고 밀리는 23년간의 싸움 끝에 로마가 시칠리아를 차지하는 조건으로 강화가 이루어져 끝났다. 양쪽 다 엄청난 피해를 입었지만 결국에는 로마에 유리하게 끝난 셈이다.

카르타고에 '하밀카르 바르카(Hamilcar Barcas)'라는 장군이 있었다. 제 1차 포에니 전쟁에서 그는 강력한 정예부대를 이끌고 로마와의 싸움에서 크게 활약했다. 전쟁 후 하밀카르는 로마에 대한 설욕전을 준비하기 위해 바다 건너 에스파냐 지역으로 갔다. 그리고 그곳을 정복해 카르타고의 영토이자 자기 가문의 본거지로 삼았다. 이때 하밀카르는 자기 아들과 동행했는데 그가 바로 명장 '한니발'이다. 하밀카르가 꿈꾸었던 로마에 대한 복수는 아들인 한니발에게로 고스란히 이어졌다.

한니발은 약 26세에 에스파냐 총독 겸 군사령관이 되었다. 기원전 218년 그는 아버지의 바람대로 로마를 멸망시키기 위해 군대를 일으켰다. 한니발은 에스파냐에서 이탈리아로 가기 위해 알프스 산맥을 넘는다는 사상 초유의 계획을 세웠고 이를 성공시 컸다. 행군 도중 많은 희생을 치르면서도 한니발은 2만6천의 군대, 그리고 동맹군으로 끌어들인 갈리아인을 이끌고 이탈리아로 진입했다.

이것이 제 2차 포에니 전쟁(기원전 218년~기원전 202년), 일명 '한니발 전쟁'이다. 한니발은 트레비아 전투, 트라시메누스 호수 전투 등에서 승리를 거두었고 이 과정에서 수만 명의 로마군이 죽었다. 잇따른 패배에 로마는 놀랐다. 몇 번의 소규모 전투 이후 로마는 단숨에 한니발군을 격파하고자 8만이 넘는 대군을 출동시켰다. 그렇게 해서 '섬멸전의 모범' '로마 역사상 최악의 패전'으로 불리는 칸나에 전투가 벌어지게 되었다.

당시 로마군은 수적인 우세와 강력한 중장보병*의 힘을 믿고 한니발군의 정면을 돌파하려 했다. 이에 맞서 한니발은 적의 주력부대가 중앙을 집중적으로 공격하자 잠시 버티다가 서서히 병력을 뒤로 물러서게 한 다음, 중앙으로 돌진하는데 정신이 팔려 있는 로마군을 양 날개를 펴듯 포위하기 시작했다.

한편 한니발군은 비록 전체 병력은 열세였지만 기병의 숫자는 로마군보다 많았다. 그래서 수적인 우세와 숙련도가 뛰어난 한니발군의 기병은 로마 기병을 압도했고 마침내 좌측과 우측의 한니발군 기병이 로마군 기병을 격퇴하는 데 성공했다. 로마군 기병을 격퇴한 한니발군 기병은 보병을 도와 함께 포위망을 형성했다.

★ 중장보병은 중무장한 보병으로 고대 그리스와 로마의 주요 군사력이었다. 무거운 무기와 갑주로 무장하기 때문에 전투에서 강력한 힘을 발휘하지만, 무기와 갑주의 가격이 비싸고 고된 훈련 없이는 군사들의 움직임이 둔해진다는 단점이 있다.

이렇게 해서 한니발군은 수적으로 우세한 로마군을 포위하는 데 성공했다. 포위당한 로마군은 전진도 후퇴도 불가능했다. 더구나 포위망에 위축된 나머지 병사들이 빽빽하게 몰려있어 전투 자체가 불가능했다. 한니발군은 외곽에서부터 로마군을 살육하기 시작했고 불과 하루 만에 5~7만 명의 로마군이 죽어갔다. 기원전 216년의 일이다. 우리나라의 위만조선이 기원전 108년경에 멸망했다고 하니 얼마나 오랜 옛날인지 짐작할 수 있다. 그 당시 한반도는 거의 국토 전체가 산이고 호랑이, 표범, 늑대 등이 득실거리는 그야말로 동물의 왕국이었다. 조선 시대 영조 때 호랑이가 득실댄다고 했으니 2,200여 년 전은 말할 것도 없다.

언덕에서 평원을 바라보았다. 포도밭, 풀, 조그마한 집들. 그리고 하늘이 펼쳐져 있었다. 그냥 조용하고 평화로운 분위기였다.

그 옛날 저 평원에서 한니발이 싸웠다. 오늘날의 평범한 20대, 30대의 고민은 주로 취업과 진로, 그리고 연애와 결혼이다. 취업하려고 노력하는 한편, 사랑하는 사람과의 이별로 힘들어한다. 그게 보통 우리의 모습이고 나 또한 그렇다. 그런데 수만 명의 군대를 이끌고 알프스를 넘은 한니발의 머릿속에는 어떤 생각이 들어있었을까? 현재의 우리 모습과는 너무나 동떨어진 느낌이다. 하지만 요즈음은 총칼을 이용한 전쟁보다는 경제 전쟁의 시대다. 어쩌면 한니발의 모습은 오늘날 20대의 젊은이가 크고 무모하게 사업을 벌이는 것과도 비슷할 수 있다(더구나 아버지의 재력까지 물려받아서). 잘 되면 빌 게이츠, 스티브 잡스가 되는 것이고 망하면 빚더미 위에 앉게 되는, 그야말로 모 아니면 도의 인생이 아니었을까?

사실 오늘날의 관점에서 한니발은 전형적인 '금수저'로 태어났다. 그가 속한 카르타고는 지중해 최대의 재력을 갖춘 강국이었고, 한니발 본인은 아버지로부터 에스파냐 식민지와 그에 속한 경제력·군사력을 물려받았다. 더욱이 그 자신의 능력 또한 대단했다. 목표를 향한 강철 같은 의지력, 수만 명의 군대를 충성하게 만드는 놀라운 리더십, 천재적인 전술 능력을 갖추고 있었다.

#05 파비우스 막시무스

———————————————— 하지만 나는 한니발이 아니라 로마 측 총사령관인 '파비우스 막시무스(Quintus Fabius Maximus)'에게 더 매력을 느꼈다. 연이은 패배로 비상체제에 돌입한 로마는 명문 귀족 출신 파비우스 막시무스를 총사령관에 임명했다. 냉정하고 침착한 파비우스 막시무스. 그는 자신이 한니발의 적수가 되지 못한다는 것을 잘 알고 있었다. 그래서 지구전으로 한니발에 맞섰다. 하지만 파비우스의 '지구전론'은 민회, 원로원, 군대에서 엄청난 비난을 받았고 그는 비겁한 사람, 겁쟁이, 굼뜬 사람으로 조롱당했다. 그런데도 파비우스는 인내했다. 그의 전략은 정말로 한니발을 지치게 만들었다. 하지만 파비우스가 곤경에 처한 한니발군을 추적하다 놓쳤을 때, 그는 또다시 엄청난 비난을 받았고 '무능한 장군'으로 낙인찍혔다. 전쟁의 장기화, 한나발군의 약탈, 패배까지 모든 것이 '파비우스 탓'으로 돌려지는 지경이었다. 결국 이성을 잃은 로마는 파비우스의 경고에도 8만이 넘는 대군을 출동시켰다. 그리고 칸나에에서 처참하게 패배했다.

이후 로마는 정신을 차렸고 파비우스의 전략을 충실하게 따랐다. 물론 최종적으로 한니발군을 격파하고 카르타고의 항복을 받아낸 사람은 나중에 등장한 스키피오 장군이지만 그전까지 파비우스의 전략은 로마를 지탱했다.

그래서 나는 파비우스 막시무스에게 더 매력을 느꼈다. 또한 로마인들의 태도도 기억에 남았다. 그들은 좋은 정치가를 소중히 여겼던 것이다(당시 로마는 정치가가 군인을 겸했다).

2시간 가까이 언덕에는 나 외에 아무도 없었다. 도시에서 살면 이렇게 온전히 자연에 둘러싸여 있는 경험을 할 수 없다. 누군가가 옆에 있거나 도시의 소리가 들려오기 때문이다. 혼자 아무도 없는 곳을 가는 것은 어렵고 위험하기도 하다. 그래서 탁 트인 언덕 위에 홀로 있는 시간은 너무나 소중했다.

한동안 주위를 돌다 폐허의 돌 위에 앉았다. 눈을 감고 옛일을 생각했다. 마치 꿈을 꾼 것 같은 기억들. 대학 다니면서 유학 준비하던 때가 떠오른다. 어느새 나는 일본에 와있었고 지금은 칸나에에 있다. 예전부터 가보고 싶었던 장소. 어쩌면 내 전공이 사학(史學)이라서 더 오고 싶었는지도 모르겠다. 그렇게 생각에 잠겨있다 보니 한 무리의 사람들이 올라오고 있었다.

멀리 바다가 보였다. 이곳이 끝 같았다. 세상의 끝은 아니지만 내 여행의 끝이겠지.

이제 마음이 채워진 것 같았다. 다 보았으니까 돌아가야지. 그 후 여행 후 맞는 네 번째 토요일에 도쿄로 돌아왔다

꿈을 꾼 것 같았다. 어제까지만 해도 유럽이었는데 이젠 도쿄

의 전철 안이다. 익숙한 풍경이긴 한데 이렇게 갑자기 변하니까 무언가 이상했다. 내 마음은 아직 여행에서 돌아오지 못하고 있었다.

집에 도착했다. 모든 게 그대로였지만 낯설었다. 잠자리에 들려고 누웠다. 머릿속에서 여행의 기억이 '붕'하고 떠올랐다. 마치 수면 위로 커다란 공이 떠오르는 것처럼.

로마에서 스페인 광장, 그리고 비토리오 에마누엘레 2세 기념관을 거쳐 트레비 분수로 걸었던 일. 현미 씨와 음악과 미술에 대해 이야기했던 일. 피사의 거리를 걸었던 일. 루브르 박물관에 갔던 일. 그 순간순간에는 외롭고 피곤하기도 했다. 심지어 집에 가고 싶기도 했다. 하지만 이젠 16시간 동안 야간열차 탄 기억까지 그립다.

지나간 추억은 눈부시게 아름답다. 하지만 어쩌면 추억은 현재 진행형으로도 존재하지 않을까? 바로 지금, 이 순간에.

오동진

이탈리아 국토 대장정

길이 거기 있기에 나는 걷는다

최고의 여행은 어둠 속으로 뛰어드는 것이다. 만일 목적지가 익숙하고 호
의적인 곳이라면 무슨 이유로 그곳에 가겠는가?

— 폴 서루, 〈아프리카 방랑〉 중에서

———————————————— 오전 열 시 삼십 분, 이른 아침부터 부슬부슬 내리던 비가 멈췄다. 잿빛으로 잔뜩 끼어 있던 먹구름이 걷히더니 밝은 햇살이 웅덩이에 반사되어 반짝거렸다.

'이젠 이 불편한 우비를 벗어도 되겠지……'

우비 위에 묻은 물기를 털어내며 툴툴거렸다. 지중해 날씨는 습하지 않다더니 순례길 첫날부터 배낭이 비에 젖어 축축하니 무거웠다. 앞으로 20km는 더 걸어야 할 텐데. 바위 조각들을 콕콕 박아넣어 만든 이 돌길은 한 걸음 한 걸음이 울퉁불퉁하여 도무지 긴장의 끈을 놓지 못한다. 마차 한 대가 겨우 지나갈 수 있을 정도의 폭에 돌길 양옆으로는 드넓은 들판과 반쯤은 무너져 내린 고성이 눈에 띈다. 길 양쪽으로 높이 늘어선 가로수 사이로 미처 증발하지 못한 낮은 안개가 햇빛에 은은히 반사되면서 전설 속의 오래된 길을 걷는 느낌을 자아냈다. 내가 지금 걷고 있는 이 돌길은 이탈리아의 수도 로마에서 남부로 향하는 약 540km 길이의 아피아 가도(비아 아피아Via Appia)다. "벨리시모!(아름다워!)" 소냐가 탄성을 질렀다.

나와 나이가 같은 이탈리아인 소냐는 비를 맞으며 조용히 걷던 아까와는 달리 내리쬐는 햇살에 힘이 난 듯 앞서서 총총 걷기 시작했다. 소냐 뿐만이 아니었다. 우리 팀의 대표 장난쟁이(꾸러기라는 표현은 삼십 대 중반의 나이에 어울리지 않았다) 둘 조지아와 멜라니도 마치 어린아이처럼 길가에 고인 웅덩이를 향해 뛰어갔다. 오늘 새벽 6시부터 지금까지 15km쯤은 내리 걸었는데도 힘이 펄펄 나나 보다. 옆에서 같이 걷는 루박이 건네는 땅콩을 받아먹으며 그

남자는 여행

들이 정말 대단하다고 생각했다.

　불과 하루 전 바티칸의 성 베드로 광장에서 '이탈리아 국토대장정 캠프팀'의 첫 집결이 있었고 그때 총원 8명 중 나를 제외한 7명이 모두 여자임을 알았다. 그들과 멋쩍게 서툰 영어로 인사를 나누면서 과연 이들이 330km를 무사히 완주할 수 있을 것인지 의구심을 품었다. 이 캠프에 지원하기 위해 참가신청서를 작성할 때 자신의 체력적 능력을 증명해야 하는 칸이 따로 있었고, 이 때문에 고생을 즐기는 남자들로만 이루어진 팀을 짐작했었기 때문이다.

　그러나 그것은 완전히 잘못된 편견이었다. 이따금 종아리 근육에서 통증이 느껴졌다. 덕분에 이 순간 가장 체력이 의심되는 사람은 바로 나 자신이라는 사실을 스스로 느꼈다. 내가 유독 다른 팀원들보다 힘들어하는 것은 내 체력이 약해서는 아닐 것이다('동양인 남자는 저질 체력'이라는 인상을 심어줄 순 없었다!). 아마도 나의 종아리가 캠프 시작 전부터 바짝 긴장하고 있었던 탓일 것이다. 아마도 한국땅을 떠나 오늘까지 3일 동안 두 다리 바삐 허둥대야 했던 일들이 믿을 수 없을 만큼 많이 일어났기 때문에 그저 잠시 피곤한 탓이 분명했다.

　적어도 어떤 일을 시작하는 초기에는 운이 따른다는 '초심자의 행운' 따위는 나에게 없었던 것일까. 바로 캠프에 참가하기엔 그 앞의 사흘이 너무나도 격렬했다. 하지만 이게 진짜 여행이다, 앞으로 더욱더 격렬하고 생각 없이 여행해주겠다 같은 마초 주문을 다시 한 번 머릿속에 되뇌었다. 나는 배낭에서 물을 꺼내 전부 마셔버리고는 등 뒤의 배낭을 가볍게 한번 튕긴 뒤 다리에 힘을 실어 힘차게 나아갔다(그 후 남은 15km 동안 갈증으로 고생할지 알았다면 전부 마셔버리는 일 따위는 절대 하지 않았을 것이다. '동양인 남자는 물을 구걸한다'는 인상을 심어줄 수 없었다).

#02 길 위에서

─────────────────────── 달린다. 김포공항으로 가는 리무진 시간을 맞추기 위해 달린다. 비행기를 타고 있는 꿈을 꾼 탓일까. 한 시간이나 늦잠을 잔 탓에 눈만 비비고는 커다란 여행용 배낭을 집어 들고 자취방을 뛰쳐나왔다. 리무진에 탑승해서 김포공항으로 가는 삼십 분 내내 좌석 끝에 엉덩이를 대고 앉아 초조하게 다리를 떨었다. 비행 출발시각이 한 시간도 남지 않았을 무렵엔 항공사에 전화해 거의 도착했으니 선처를 부탁한다고 울부짖었다. 마침내 공항에 도착한 시각은 오전 8시 31분. 비행기 출발시각은 오전 9시 5분. 앞으로 펼쳐질 한 달간의 환상적인 이탈리아 여행을 상상하며 느긋하게 선글라스 너머로 비행기 탑승 시각을 점검하는 나를 꿈꿨건만, 현실은 한 손으로 김밥을 입에 욱여넣고 한 손으론 여권과 항공권을 보여주며 헐레벌떡 탑승하는 나의 모습이었다. 어쨌든 탔다. 성공이다. 아무렴 어때. 재밌네. 나는 또다시 마초 주문을 외웠다.

내 항공권은 김포에서 출발해 일본 오사카를 경유, 다시 오사카에서 이탈리아 로마로 날아가는 경로였다. 마음을 달랠 겨를도 없이 비행기는 어느새 간사이공항에 도착했고 그곳에서 나는 또 다른 돌발 상황에 봉착하고 만다. 이탈리아로 가는 비행기가 항공사 사정으로 모두 취소되었다는 것이다. 어이가 없고 걱정이 앞섰지만 서투른 한국말로 항공사의 사정을 조곤조곤 설명하는 일본인 스튜어디스의 외모가 아주 예뻤기에 차분히 그녀의 말을 끝까지 들어보기로 했다. 그녀의 설명이 점차 길어질수록 내용보다는 그녀의 얼굴에 신경이 쏠렸다. 내 머릿속에 예전부터 꿈꿔왔던 참한 일본인 아내와 함께 다문화 가정을 꾸리는 상상이 무르익을 때쯤 그녀가 반가운 소식을 전했다. 내가 탑승할 수 있는 비행기는 다음날 오전 9시 비행기이고 항공사 측에서 탑승 전까지 나의 모든 교통비와 숙박비, 그리고 식비까지 지원해준다는 소식이었다. 사실 하루 정도 일정이 밀리는 건 전혀 상관이 없었기 때문에(사실 '일정'이란 게 없었다. 계획 따위가 내 여행에 있을 리 만무하다) 나에겐 공짜로 일본에서 하루 머물 좋은 기회였다. 역시 인생은 새옹지마라는 말이 틀리지 않나 보다.

항공사에서 제공해준 호텔은 오사카 공항에서 얼마 떨어져 있지 않은 농가로 둘러싸인 한적한 곳에 있었다. 예약된 방은 1인실에 아늑하고 정갈했고 따뜻한 조명이 마음에 쏙 드는 방이었다. 여유 있게 호텔 근방을 산책한 뒤 호텔 뷔페로 저녁을 해결했는데 이 또한 항공사에서 제공한 식권으로 무료였다. 점심때 '일본에 왔으니 일본 돈코츠 라멘을 꼭 먹고야 말겠다'는 생각으로 공항 근처 라멘집에서 점심식권으로 사 먹은(한국에서 집 근처 라멘집에서 먹던 라멘 맛과 정확히 일치하는) 라멘보다 훨씬 고급스러운 식사였다.

혼자 식사를 마치고 여유롭게 야외 노천탕에 몸을 담그고서 어두워진 하늘을 바라보았다. 탕에서 피어오르는 김과 함께 그간의 피로도 천천히 빠져나가는 듯했다. 일이 뜻대로 되지 않아도 이렇게 좋게 풀릴 수도 있구나! 그제야 앞으로 펼쳐질 한 달간의 여행에 대한 설렘이 밀려들어 왔다. 문득 지금 나 자신의 모습이 마치 바쁜 일상 속 여유를 찾아 훌쩍 떠난, 고독을 즐기는 남자가 된 거 같다는 생각에 마음속에 허세가 가득 차올랐다. 오늘은 아무것도 입지 않은 채 잠이 들 것이다. 훗날 이날은 이탈리아 여행을 통틀어 가장 좋은 잠자리를 가진 날로 기억된다.

#03 길 찾기

──────────────── 8월 2일, 잠깐이지만 행복했던 일본(정확히는 일본의 호텔)을 떠나 13시간 비행 끝에 로마에 도착했다. 캠프 집결 장소는 바티칸의 성 베드로 광장의 중앙 탑 아래, 오후 1시였다. 빡빡하게 도착한 탓에 무작정 길을 물어가며 광장 탑에 도착한 시간은 약속 시각보다 10분 정도 늦은 1시 10분이었다. 살인적인 태양 볕 아래 수많은 관광객 사이로 나는 아무 단서 없이 그저 사람들을 유심히 관찰하여 얼굴도 모르는 팀원들을 찾아야 했다. 안내서에는 광장 탑 아래 1시라고만 적혀 있고 다른 정보는 없었는데 막상 장소에 도착해서 보니 어떤 표시를 보고 찾으라는 건지 막막하기만 했다.

거기다가 내 핸드폰은 인터넷이 연결되어 있지 않았다. 탑 주위를 열 바퀴는 돌았을 무렵 탑의 거대한 시곗바늘은 이미 2시 정각을 가리키고 있었다. 놓쳤다. 내가 약속 시각에 늦어 팀원들을 놓친 거야…… 이미 온몸은 15km의 배낭 무게에 짓눌려 땀

범벅이었고 정신까지 아득해지면서 식은땀이 흐르고 있었다. 횟수당 말도 안 되는 요금을 내야 하는 해외문자도 몇 통이나 현지 캠프팀장에게 보냈지만 묵묵부답이었다. 혹시 광장에 탑이 하나가 아닐지도 모른다는 생각에 광장 구석구석 뛰어보고 성벽 바깥까지 나가 보았지만 모두 헛수고였다.

3시, 이제는 어떠한 마초 주문도 통하지 않을 만큼 심신이 지쳐 망연자실하게 성벽 외곽 벤치에 주저앉았다. 그만 포기하고 도미토리 숙소로 돌아가야 하나 고민할 때쯤 마지막 실낱같은 희망으로 이미 열두 번도 더 반복한 로밍을 한 번 더 활성화했다. 띠링- 메시지가 와 있었다. 대충 해석하면 약속 시각이 4시로 미루어졌다는 내용이었다. 하, 그걸 왜 이제야 알려주느냐고 욕설을 한 바가지 퍼붓고 싶었지만, 당시 나에겐 신의 축복 같은 소식이었다. 나는 교황님과 성 베드로를 향해 감사의 기도를 올리고는 4시가 되자 다시 배낭을 들쳐 메고 탑으로 향했다. 그들은 거기에 있었다.

#04 길 위의 친구들

─────────────── 내가 참가하고 있는 이 캠프는
'Canmino de San Thomaso(칸미노 데 산토마소)' 한국식으로는 '이
탈리아 국토대장정 캠프'로 이탈리아 수도인 '로마'에서 출발하여
비슷한 경도상의 동쪽 끝 해양도시 '알토나'까지 약 330km를 8
월 2일부터 8월 18일까지 약 2주간에 걸쳐 걸어서 횡단하는 일종
의 '성지순례 캠프'다. 국제 워크캠프기구에서 주최하는 이 캠프
는 크게 이탈리안 기획단과 현지신청인, 그리고 10명 이내로 여
러 국가에서 한두 명씩 선출된 외국인 팀으로 이루어져 있다.

현지 기획단은 7명의 이탈리아인으로 이루어져 있고 '파우스
토'라는 서른둘의 이탈리아 사내가 단장이었다. 현지신청인 그룹
의 경우는 그 수가 굉장히 유동적이었는데 캠프 14일 내내 중간
에 합류하기도 하고 빠져나가기도 했다. 첫날에는 그 수가 10명
에 미치지 못하다가 마지막 날에는 거의 40명 정도로 마치 결승
선을 향해 행군하는 퍼레이드를 연상케 했다. 내가 속한 외국인
팀은 프랑스, 스페인, 독일, 그리스, 러시아, 세르비아 그리고 대
한민국에서 이 캠프에 참가하기 위해 온 사람들로 구성되어 있었
다. 아무래도 다 같이 타지에서 외국인인 입장이었고 2주 내내 모
든 활동을 같이한 동고동락한 사이기 때문에 우리끼리의 유대감
은 매우 깊었다.

나와 가장 친했던 프랑스인 멜라니(Melanie)는 22살로 굉장히
활발하고 장난기 많은 여성이다. 나는 그녀가 매번 'Her' 발음의
H 발음을 못 해서 'Er'로 발음하는 것을 콕 집어 놀리곤 했다. 그
러면 그녀는 우스꽝스러운 표정을 지으며 나를 노려보았고 나는

그녀의 천진난만함이 좋았다. 그럴 때마다 나는 연신 카메라 셔터를 눌러댔는데 이탈리아를 돌아다니며 찍은 사진 수천 장 가운데 적어도 삼 분의 일에는 그녀가 찍혀있을 것이다. 한국에 돌아가 그녀가 나온 사진들로만 구성된 포토북을 만들어 선물하겠다고 약속했는데, 사실 1년 반이 지난 지금까지도 지켜지고 있지 않다.

스페인에서 온 클라라(Clara)도 멜라니와 같은 22살로 똑 부러지는 성격에 스페인어, 이탈리아어, 영어를 완벽하게 구사했다. 그녀는 캠프 내에서 뛰어난 통역가로 활약했는데, 의사소통에서부터 사소한 단어 일러주기, 영어를 전혀 하지 못하는 이탈리아인 주교의 말을 우리에게 요약 설명해주는 것 등 그 범위가 아주 광범위했다. 또 그녀는 수준 있고 위트 있는 농담을 적절한 타이밍에 던지는 것에 커다란 기쁨을 느꼈는데 그녀의 말이 다소 빠르므로 우리는 그녀의 농담을 전부 이해하지는 못했다. 그녀는 큰 눈을 똘망똘망하게 뜨고 자신의 농담에 자지러질 광경을 잠시 기다리다가 우리가 그저 멀뚱멀뚱한 표

정을 짓고 정적이 흐르면 한숨을 쉬고는 이 농담이 어떠한 뜻으로 비꼬아 말했는지를 하나하나 설명해주는, 오늘날 흔히 쓰는 은어인 '설명충(농담을 굳이 설명함으로써 재미를 반감시키는 사람)' 유형이었다.

독일인 카트린(Katrin)은 26살로 명

한 미소를 머금은 입과 초점이 흐린 눈을 가진 여성이었다. 그녀의 기계적인 대화방식과 흐리멍덩한 분위기는 우리가 그녀를 상대하기 어렵게 만들었는데 그녀가 매번 대화의 흐름을 잘 이해하지 못하는 까닭도 있었고 같은 말을 계속 되풀이하며 혼자만의 세계에 갇혀있는 듯한 모습을 보였기 때문이다. 그리고 웬만하면 그녀는 입을 열지 않았다. 그 때문인지 그녀와의 추억은 그다지 남아있지 않은 편이다. 굳이 꼽자면 캠프 10일째 되는 날이었던가, 운 좋게도 그날은 한 마을의 빈집을 구해 하룻밤을 머물 수 있었다. 방이 그다지 크지 않았으므로 둘씩 짝지어서 각각의 방에 있는 한 침대에서 자야 했는데 제비뽑기에서 나와 카트린이 한 침대를 쓰게 되었다.

좋은 시간 보내라며 킬킬거리던 사람들이 방문을 닫고 나간 후의 그 정적. 10일 내내 그렇게 조용하던 카트린의 입을 터지게 하는 그런 정적이었다. 아마 캠프 전체를 통틀어 그녀가 가장 많이, 그리고 가장 오래 입을 연 날이 아닐까 싶다. 우리는 그렇게 침대에 나란히 누워서 독일의 대문호 볼프강 폰 괴테에 대한 경의와 함께 그의 작품 '파우스트'에 대해 열렬히 토론했다. 다시 정적이 흐르고 각자 잠을 청할 때쯤 갑자기 카트린이 모기만한 소리로 자느냐고 물었지만 나는 그녀의 말에 대답하지 않고 금방 깊은 잠에 빠져들었다. 이 날이 가장 카트린에 대한 기억이 많은 날이다.

러시아 모스크바에서 온 루박(Lyubov)은 29살로 작고 아담한 키에 금발을 가진 여성이었다. 그녀는 완벽한 영어에 신뢰감 있는 말투로 리더십이 뛰어났다. 그래서 자의든 아니든 캠프 내내 건배 제의는 그녀의 몫으로 돌아갔다. 이건 공
공연한 비밀이었는데, 루박은 이 캠프의
총 단장 파우스토가 마음에 두고 있는
여자이기도 했다. 다른 이탈리아인들
말에 의하면 파우스토는 금발 여성에
대해 호감을 느끼고 있다는데 루박이 바
로 그 '번쩍거리는' 금발의 소유자였던 것이다.

그리스인 조지아(Georgia)는 36살로 마치 브래드 피트 주연 영화
'파이트 클럽'에 등장하는 여주인공 말라(헬레나 본 햄 카터)를 실제
로 보는 것 같은 분위기를 풍겼다. 조지아는 언제나 쾌활하고 친
근했지만 과한 유머 감각을 가지고 있었다. 그녀가 하는 말의 절
반은 농담이었는데 나는 매번 그녀의 골탕에 손쉽게
넘어갔다. 하지만 그녀의 가치관은 굉장히 독특
하고 사뭇 진지했는데 이에 관한 얘기는 나중
에 따로 다루기로 하기로 하자. 이 밖에도 프
랑스인 안드레아와 세르비아인 멜리샤와 나
를 포함하여 팀원은 총 8명이었다. 그리고 팀에
서 나는 유일한 동양인이자 남자였다.

#05 길을 걷다

───────────────────── 캠프의 일정은 단순했다. 330
km를 하루 약 20~30km씩 걸어서 16일째 되는 날에 최종목적
지인 알토나에 도착하는 것이다. 매일 아침 6시에 일어나 케이

크, 쿠키, 과일, 커피 등으로 간단히 아침을 때운 뒤 짐을 챙기고 출발한다. 중간중간 나타나는 폰테인(우물)에서 각자 식수통에 마실 물을 보충하면서 오후 1시즈음까지 걷는다. 아침 식사를 그리 배불리 먹지 않기 때문에 걸어가면서 견과류나 말린 과일을 씹으며 당분을 보충해야 했는데 가져온 간식을 호주머니에서 하나씩 꺼내먹는 것은 물론 길가에 열려있는 라즈베리, 산딸기, 야생 배를 따 먹는 것도 쏠쏠한 요깃거리였다. 보통 1시가 조금 넘어서 점심을 먹었는데 식사메뉴는 그날의 사정에 따라 매번 달랐다. 마을을 지나던 길에 점심시간이 겹치면 그 마을의 식당에서 먹기도 하고 어중간한 교외 지역을 지날 때면 현지인의 가족들이 직접 집에서 요리한 음식을 차로 싣고 와 먹기도 했다. 이도 저도 아니라면 그저 바닥에 주저앉아 그날 아침에 각자 싸온 파니니(거친 빵 덩어리에 올리브유를 뿌리고 소금에 절인 햄과 치즈를 넣은 샌드위치)로 점심을 때우기도 했다. 식사를 마치면 다시 출발하기 전에 약 1시간 정도 휴식 시간을 가지는데 마을이라면 바에 들러 커피나 맥주를 마실 수도 있지만 산속이나 들판이라면 그대로 땅에 누워서 시에스타(낮잠)를 즐겼다.

각자의 방식으로 휴식을 취하고 약 3시 정도가 되면 머물 숙소가 있는 그 날의 도착지까지 다시 걸었다. 노을이 지며 주위가 어두워질 때쯤 도착하면 숙소에 들어가 각자 자리를 잡고 침낭을 풀어 잠자리를 확보했다. 잠자리 선택은 자율적이었는데 암묵적인 선착순 룰이 존재했다. 좋은 잠자리를 먼저 확보하지 않으면 애매하게 테니스 코트 밑이나 출입구 바로 옆에서 자야 하는 불상사를 감수해야 했기 때문에 우리는 모두 무언의 긴장 속에서 발 빠르게 움직여야 했다. 숙소는 숙박업소가 아닌 말 그대로 잠을 청할 수 있는 곳이면 어디든 머물렀는데 보통은 그 마을의 지진대피소, 마을 회관, 성당 지하실 같은 곳이고 운이 좋을 때는 그 마을의 오래된 여관에 머물 수도 있었다. 기획단이 그날의 저녁 식사를 준비하는 동안 나머지 사람들은 공동 샤워시설에서 샤워하고 휴식을 취하거나 근처 바에서 맥주 한잔을 하며 시간을 보낸다. 하루 식사 중 저녁 식사만큼은 식탁에 다 같이 옹기종기 모여 앉아 만찬을 즐기는데 파스타, 닭고기, 소고기, 돼지고기가 들어간 푸짐하고 맛있는 이탈리아식 요리로 배를 든든하게 채웠다. 저녁 식사에는 어김없이 와인과 맥주가 함께 했다. 그리고 식사가 끝나면 본격적인 술자리가 벌어졌다. 하루의 피로도 알코올 앞에서는 아무런 의미도 없는 듯 우리는 매일 밤 술을 마시며 수다를 떨었다. 자정이 지나 하나둘 씩 잠자리로 돌아가 기절한 듯 잠에 빠지면 그날의 일정은 자연스럽게 끝나는 것이다.

#06 길 위의 대화

─────────────── "만약에 말이야, 이 세상을 창조한 조물주가 있다면 말이지. 그 조물주는 모든 것을 만든 분이실 거 아니야. 우리 인간뿐만 아니라 동식물, 모든 생명체와 이 지구를 만든 분. 이 생태계를 계획하고 지휘하는 조물주. 물론 나는 딱히 지금은 신앙이 있지는 않지만 말이지."

와인을 꽤나 들이킨 조지아가 다소 장황하지만 진지한 목소리로 말했다.

"그 조물주에 비하면 우리 인간은 정말 한순간 깜빡하고 마는 존재들일 것 아냐?"

시원한 한 줄기의 바람이 우리를 스쳐 지나갔다. 대부분이 자리를 떠난 야외 저녁 식사 테이블 한쪽 구석에서 조지아와 나는 플라스틱 와인잔을 기울이며 어두운 들판을 약하게나마 비추고 있는 가로등을 초점 풀린 눈으로 바라보고 있었다. 공터 너머 저 멀리서 나지막하게 술 취한 이탈리아인들의 깔깔대는 말소리가 들렸다. 조지아가 말을 이었다.

"그런데 그런 인간들이 미래를 걱정하고 계획하고 있는 거지. 조물주가 보기엔 꽤 웃긴 일이 아닐까, 그렇지?"

"그게 무슨 말이야, 조지아?"

나는 남은 와인을 마저 털어 마시며 말했다. 조지아는 곧바로 내 잔을 다시 채웠다.

"아니, 생각을 해봐. 한 치 앞도 내다보지 못하는 인간이 10년, 20년 후의 자기의 모습을 상상하고 계획하며 그 계획을 지키고자 아등바등하는 꼴이 조물주로서는 굉장히 우습지 않겠냐고."

"그러니까 그 말은 계획에 죽고 사는 사람들이 우습다는 거야?"

내가 반문했다.

"내 말은 조물주의 입장에서 생각해보자는 거야. 나는 계획을 세우지 않아. 사실 그게 나의 가장 큰 내 삶의 가치관이기도 해. 대신에 나는 그때그때 제일 나은 선택을 하려고 노력하고 현재에 더욱 집중하려고 하지. 우리에겐 사실 미래도 과거도 없으니까. 오로지 현재만 있을 뿐이지. 나는 올지 안 올지 모르는 미래에 현재의 나를 구속하고 싶지 않아. 나는 한 치 앞을 못 보는 인간들이 계획을 세우기 위해 그리고 그 계획을 지키기 위해 너무 많은 시간을 허비한다고 생각해. 마치 한낱 개미 같은 존재가 자기의 앞날을 계획하고 있는 거지. 그게 계획대로 될 리가 없잖아. 당연히."

나는 그녀가 하는 말의 절반 정도밖에 이해하지 못했다. 아니 인간이 인간인 이유, 동물과 다른 점은 계획을 세우기 때문이라는 말도 있지 않은가. 사실 나도 특별히 계획적인 인간은 아니었지만, 계획을 세우지 않는 것이 자기 삶의 가장 중요한 자세라니. 조금은 뻔뻔스러운 자세가 아닌가.

다음 날 조지아와 바 근처 벤치에 앉아 생 모차렐라 치즈에 병 맥주를 마실 때였다. 그날따라 예정시간보다 훨씬 늦게 숙소에 도착한 우리는 도저히 저녁 식사가 준비되기까지 기다릴 수가 없었다. 조지아와 나는 근처의 바에 달려가 그간의 갈증을 풀어줄 시원한 페로니 맥주를 사고 식료품점에서는 두부처럼 물 봉지에 포장된 생 모차렐라 치즈를 골랐다. 우리 둘은 한쪽 벤치에 자리 잡고는 서로의 맥주병을 부딪치며 흡족한 표정으로 뜨거운 목구멍 안으로 맥주를 넘겼다. 나는 생 치즈와 맥주의 환상적인 조합에 연거푸 감탄하다가 문득 캠프 후의 계획을 조지아에게 물었다.

"조지아, 이 캠프가 끝나면 뭐 할 거야? 난 남부에 내려가 이스키아 섬에서 휴양을 좀 즐길 생각인데 같이 갈래?"

"음, 글쎄, 생각해본 적 없어. 휴가를 한 달 냈으니까 캠프가 끝나고도 2주 정도 시간이 남긴 하지만, 뭐 그때가 되면 알 수 있지 않을까?"

"잘됐다. 그럼 같이 2~3일 정도 여행하자."

나는 기뻐하며 말했다.

"좋지. 그런데 기대하지는 마. 나도 내가 어떻게 될지 모르니까. 지금의 나는 완전 오케이인데, 그때의 나는 어떨지 모르고. 혹시 알아? 그때 나는 불의의 사고로 이 세상에 존재하지 않을지도 모르니까 말이야. 하하. 만약 내가 그때 가서 가게 된다면 말해 줄게."

그때까지 나는 조지아가 그저 평소처럼 농담을 던지는 것이거나 나와 같이 여행하자는 제안을 거절하려는 의도인 줄로만 알았다. 하지만 어젯밤의 취중 대화와 2주일 동안 보아온 조지아의 모습으로 미루어 보았을 때 이때만큼은 농담이 아니었음을 알 수 있었다. 그녀는 실제로 그랬다. 그녀는 계획 없음, 무계획을 자기의 중요한 가치관으로 밀고 나가면서 계획 없는 자기의 삶을 그때그때 필요한 것으로 채워나갔다. 그녀는 현실적인 것, 단순한 것, 바로바로 확인 가능한 것들을 신뢰했고 그녀의 정신은 항상 현재에 머물러 있는 것 같았다. 이루지 못한 계획에 미련이 남아 과거에 머무르지도 않았으며 앞으로 실행할 계획 걱정에 아직 오지도 않은 미래에 가 있지도 않았다. 오직 현재만을 살고 현재에 충실했다. 어떻게 보면 그녀는 가장 무질서한 사람이었지만 또 가장 자연스러운 사람이었다. 또 기억에 남는 대화가 있다. 캠프 중 언젠가 나는 조지아에게 우리 팀원들을 칭찬하던 중이었다.

"조지아, 내가 너희와 이 캠프를 같이 하면서 느낀 건데 너희는 정말 강한 여성들인 거 같아. 결코 쉽지 않은 캠프 일정을 어쩌면 남자보다 더 잘 소화해 내고 불평불만은 한마디도 없잖아. 몸이 조금 더러워지는 것도 개의치 않고 그다지 위생이 좋지 않은 곳에서도 얼굴 하나 찌푸리지 않았어. 대단해."

나는 경외심에 찬 목소리로 조지아에게 우리 팀원들을 칭찬했다. 조지아는 그다지 대수롭지 않다는 듯이 으쓱하며 말했다.

"너 아까 아침에 내가 침낭에 붙어있던 벌레들 때문에 호들갑 떨던 거 잊었니? 그 소리에 너도 깼잖아, 하하."

"맞다. 그러네, 하하하. 그런데 만약 한국의 여자들이었다면 보통은 반응이 그것보다 더 과격했을 거야. 아니 애초에 새벽이슬 맞으면서 밖에서 침낭 하나로 버티지 못했을걸. 벌레를 몹시 싫어하는 데다가 더러운 흙 마당에서 민달팽이들과 잠자리를 같이 한다는 것은 더더욱 힘든 일일 테니까."

보통 더러운 것이나 벌레를 보면 자지러지며 견디지 못하는 여자들의 모습에 익숙했기에 솔직하게 내뱉었다. 사실 해외에 나가 자국에 대한 긍정적인 이미지를 심어주지는 못할망정 자기 나라의 이성을 흉보는 것은 그리 좋은 자세는 아녔다.

"아닐걸?"

미간을 찌푸린 조지아의 첫 마디는 다소 힘이 들어가 있었다.

"왜 그렇게 생각하지? 내가 만났던 한국인들, 여성들은 모두 하나같이 아주 용기 있고 강했어."

"아 물론, 내 말은 한국의 여성들이 모두 그렇다는 건 아닌데…… 뭐랄까, 내 개인적인 생각일 수 있는데 우리는 아직 여성 인권의 문제에 굉장히 보수적이고 페미니즘의 역사도 오래되지 않았고…… 그렇기에 아직 모순점들이 많이 나타나는 과도기에 있어. 한국에만 있다가 너희처럼 여성인권이 안정화가 되어있는 모습을 보고 드는 일종의 경외심이랄까?"

조지아가 잠시 생각하더니 말했다.

"음, 그래. 네가 무슨 말을 하려는 건지는 알겠어. 그런데 말이야. 이 부분은 너 말고도 내가 아는 몇몇 한국인들에게서도 느끼는 건데, 너희 한국인들은 좀 더 자부심을 가져도 돼. 나는 거짓말 조금 보태서 너희만큼 착실하고 똑똑하고 예의 바르고 부지런하고 강한 사람들을 못 봤어. 그런데 한국인들은 하나같이 자신들이 서양사람들보다 수준이 아래라고 생각하는 거 같아. 항상 어딘가 위축되어 있고……. 실수라도 하면 갑자기 유령이라도 튀어나와 자기들을 때릴 것처럼. 여성인권문제도 마찬가지라 생각해. 내가 너희 나라에는 한 번도 가보지 못했지만 적어도 타지에서 만난 한국인 여성들은 정말 환상적이었어. 그들은 우리보다 강하고 감각 있는 아름다운 여성들이야. 한국의 사회 분위기가 어떤지는 잘 몰라도 이것만은 알아주었으면 해. 너희 개개인들은 정말 완벽해. 세계 어디에 내놓아도 말이야. 그저 사회적 문제의 원인을 자기 자신들 속에 있다고 자꾸 내면화하지 마, 아니니까."

너무 자문화 중심주의가 되지 않으려고, 그렇다고 너무 문화 사대주의로 가지 않으려고 조심하던 와중에 얼떨결에 우리나라와는 멀리 떨어진 그리스에 사는 사람으로부터 우리나라에 대한 칭찬과 더불어 일침을 들으니 기분이 묘했다. 이 주제에 대해 더욱더 진지하고 깊이 있는 대화를 나눠보고 싶었지만, 나의 영어 실력이 받쳐주지 않는 관계로 이 정도로 마무리를 지을 수밖에 없었다. 타 국민이 바라본 한국에 대한 생각은 다소 뜻밖이었다.

더불어 나름의 유연성을 가지고 있다고 자부한 나의 말과 행동 또한 전혀 다른 환경에서 교육받은 외국인에게는 틀에 갇힌 생각으로 보일 수 있다는 것을 깨닫게 되었다. 아무 말 없이 나란히 걸으면서 나는 좀 전의 대화 내용을 머릿속으로 다시 한 번 곱씹었다. 조지아는 생각보다 진지한 얘기를 오래 했다고 생각했는지 다른 주제로 이야기를 돌려서 신나게 떠들기 시작했다.

#07 도착, 다시 출발

그날은 로마에서 출발한 지 14일째가 되는 날이었다. 걷고 쉬고 먹고 마시고 떠들다가 드디어 20km를 남겨둔 마지막 밤이다. 최종도착지가 얼마 남지 않았음을, 그리고 동시에 이 캠프의 끝이 머지않았다는 사실에 모두 설렘과 슬픔, 아쉬움 등 여러 복잡미묘한 감정이 가득한 표정이었다. 마침 마을은 축제 분위기로 떠들썩했는데 바로 8월 15일은 성모 승천 대축일(페라고스토)로 국교가 가톨릭인 이탈리아에서 대단히 큰 축제가 열리는 날이었다. 캠프의 마지막 날과 흥겹고 어수선한 축제의 열기가 영화같이 어우러졌다.

그날만큼은 숙소로 가 짐을 풀지도 않고 그대로 길거리로 나갔다. 땀 냄새와 흙먼지는 아무래도 상관없었다. 마침 길거리에는 성모승천을 기리는 퍼레이드가 열리고 있었다. 마을주민들이 직접 참가하는 것 같았는데 어린아이부터 노인까지 분장하고 성경의 한 이야기를 구현하는 듯 성모 마리아와 아기 예수의 모습도 보였고 악마의 모습을 한 캐릭터도 있었다.

한참을 구경하던 우리는 마을 광장에 마련된 거대한 축제 부스 주점의 한구석에 자리를 잡은 뒤 음식과 와인을 주문했다. 나는 현지인이 추천해준 '아로스티치니(Arrosticini)'라는 요리를 주문했다. 아로스티치니는 중국의 양고기 꼬치구이와 흡사한 이 지방의 전통 양고기 꼬치구이였는데 진한 양고기 특유의 풍미와 함께 쫄깃한 식감이 일품이었다. 앉은 자리에서 벌써 아로스티치니를 세 접시째 먹고 있던 나를 경외심에 찬 눈으로 바라보던 루박은 고개를 절레절레 흔들고는 늘 그랬듯이 잔을 들고 건배 제의를 하려는 듯 자리에서 일어났다.

"흠흠."

루박이 뭔가 말하려는 듯 헛기침을 하자 모두 잠시 먹던 것을 내려놓고 각자 자기 잔을 집어 들고는 루박을 쳐다보았다.

"이제는 스스로 일어나서 건배 제의를 하게 되네요. 하하. 캠프 첫날 주변 사람들에 떠밀려 했을 때는 참 떨렸는데 말이죠. 어, 내일이 마지막 날이에요. 2주일 동안 정말 믿을 수 없을 만큼 재미있었어요. 이번 2주는 평생 제 기억에 남을 거에요. 좋은 사람들과 걷는 여정을 같이 한다는 것은 상상 그 이상의 느낌이었어요. 저는 이 캠프를 통해 무언가 깨달았다고 생각해요. 여정이란 결코 출발점이나 도착점에 그 의미가 있지 않았어요. 그저 어딘가를 향해 가고 있는 그 과정, 그 여정 자체가 본질이었던 거 같아요. 각자 삶이란 여정 속에서 이렇게 우리가 잠깐이지만 같은 길을 공유했던 건 결코 우연이 아닐 거에요. 이후 우리는 헤어져 각자의 여정을 걷게 되겠지만, 우리 함께 했던 이 2주를 잊지 맙시다. 살루떼(러시아식 건배)!"

거창하지 않고 담담하고 솔직했던 루박의 건배 제의에 우리는 모두 같은 생각이었다. 식사가 얼추 끝날 무렵, 마을 광장에서는

밴드 공연과 가벼운 무도회가 벌어지고 있었다. 벤치에 앉아 도메니코 모두뇨(Domenico Modugo)*의 넬 브루 디핀토 디 브로(Nel blu dipinto di blu)**을 들으면서 어깨를 으쓱하던 우리는 경쾌한 리끼 에 뽀베리(Ricchi e Poveri)***의 사라 페르케 티 아모(Sera Porque Te

★   도메니코 모두뇨(Domenico Modugno)는 이탈리아의 가수, 작사가, 작곡가, 편곡가, 연극배우, 영화배우, 영화 감독, 영화 음악 연출가, 연극 연출가, 사회운동가, 정치가이다.
★★   넬 브루 디핀토 디 브루(Nel Blu, Dipinto Di Blu : 푸르름 속에서 푸른색을 칠하라)는 '푸른 하늘을 한가로이 날아다니는 꿈'을 노래한 곡이다. 이 곡은 우리에게는 '볼라레(Volare)'라는 제목으로 잘 알려져 있다.
★★★ 리끼 에 뽀베리(Ricchi E Poveri)는 이탈리아의 혼성 트리오 그룹이다.

Amo)*가 나올 때쯤엔 아무도 시키지 않았지만, 모두가 일어나 손을 잡고 어설프게 스텝을 밟으며 리듬에 맞추어 춤을 추었다. 역시나 멜라니는 우리가 만든 원 안으로 들어와 장난기 가득한 몸짓으로 춤을 추고 조지아와 루박은 듀오로 서로의 손을 잡고는 호흡을 맞추고 있었으며 아니나 다를까 카트린은 굉장히 어색한 자세로 한 손은 주머니에 찔러넣은 채 미동도 하지 않고 그저 미소만 짓고 있었다. 이를 보는 클라라의 눈빛이 반짝이고 있었다. 그녀는 분명 어정쩡하게 서 있는 카틀린을 보고 기가 막힌 농담을 구상 중일 것이다. 나는 생각했다. '이 모습이 그리워지겠지.' 아마 이 캠프가 끝이 나면 이들 대부분은 앞으로 죽을 때까지 볼 기회가 없을 것이다. 적어도 유라시아 대륙의 정반대 편으로 돌아가야 하는 나는 말이다. 순간 조지아에게 한국에 여행을 오라고 말하던 순간이 떠오른다. 조지아는 가볍지만 진지한 표정으로 말했다.

"하하, 다음 생에. 이번 생 동안은 내가 한국까지 갈 수 있는 돈을 모으지는 못할 거 같거든."

마지막 밤이 지나고 날이 밝았다. 평소보다 조금 늦은 시간에 일어난 우리는 하나둘 짐을 챙겼다. 분위기가 조금 조용한 것 외에는 딱히 헤어짐을 앞두고 특별한 것은 없었다. 늘 그랬듯이 간소하게 아침 식사를 때우고 각자 배낭을 짊어졌다. 조지아가 보

★ 사라 페르케 티 아모(Sera Porque Te Amo : 당신을 사랑하기 때문일 거예요)는 프랑스 영화배우 '샤를로트 갱스부르'의 아역 데뷔작인 '귀여운 반항아'의 주제가로 쓰이며 세계적으로 히트했다.

이지 않는다. 조지아는 아마도 먼저 출발했을 것이다. 어제 그녀가 말하길 그녀는 작별인사를 싫어한다고 했다. 작별인사를 하는 순간 정말로 매듭을 짓는 느낌이 들기 때문이라고 했다. 그래서 그녀는 아침 일찍 아무하고도 마주치지 않기를 바라면서 조용히 캠프를 빠져나갔을 것이다. 나 또한 눈물 어린 송별식을 바라지 않았다.

나는 조용히 캠프를 빠져나왔다. 50걸음쯤 갔을까, 뒤를 돌아보니 아직 짐을 챙기느라 옹기종기 모여 있는 친구들이 보였다. 클라라, 멜라니, 루박, 안드레아, 멜리샤…… 모두 마지막 작별인사를 하고 있는 것 같았다. 카트린은 그 와중에도 멀리서도 분간이 가능한 특유의 꼿꼿한 자세로 서 있었다. 갑자기 피식 웃음이 나왔다. 잠시 돌아가 작별인사를 나눌까 고민했지만, 결국 그러지 않았다. 나는 다시 발길을 돌려 앞으로 걸어나갔다. 로마에서 알토나까지 걷는 이탈리아 여정은 끝이 났지만, 다시 새로운 나만의 여정이 시작되고 있었다.

PART 4

여행같은 삶에 대하여

오동규

The Old Shanghai Diary

1,686일 동안의 설렘과 6일의 기록

"1960년 4월 16일 우린 1분간 같이 있었어. 난 잊지 않을 거야. 우리 둘만의 소중했던 1분을. 이 1분은 지울 수 없어. 이미 과거가 되었으니."

― 영화 〈아비정전〉 중에서

#01 2008년 1월 3일 짙은 안개

———————————— 인천 공항에 갈 때 가장 신경
쓰는 것은 공항 패션이었다. 하지만 오늘만큼은 공항 패션에 대한
고민을 내려놓았다. 달리 신경 쓸 게 많았기 때문이다. 큰 이민 가
방에는 사계절 옷, 노트북, 전자사전, 어머니가 해주신 밑반찬이
가득 들어 있었다. 이렇게 많은 짐을 들고 한국을 떠나는 것은 처
음이었다. 출국 일자를 몇 분에게만 알렸지만 생각보다 많은 여
자분이 공항에 나와 있었다. 몇몇은 울음을 터트렸고 몇 분과는
포옹과 작별 키스를 나누었다. 하지만 그녀들과 포옹을 하고 키
스를 하는 남자는 내가 아닌 다른 남자들이었다. 나는 누구의 배
웅도 없이 상하이행 비행기에 탑승했다. 한국에서는 내세울 게
통신사 할인카드밖에 없었지만 상하이에서는 그렇지 않을 것이
다. 중국에서 한창 인기가 있는 동방신기의 유노윤호와 국적이 같
으며 중국 여자분들이 선호하는 아담한 키에 뚱뚱한 몸매를 지
니고 있다. 상하이 사교계의 귀공자가 되는 것은 시간문제다.

이런 설렘은 상하이에 도착하자마자 걱정으로 뒤바뀌었다. 회
사에서 구해준 집은 지도에도 안 나오는 외곽이었으며 기사가 하
는 말은 도대체 알아듣지 못하겠고 생명줄과 다름없는 인터넷은
언제 연결될지 몰랐다. 하지만 상하이에 도착한 지 불과 몇 시간
지났을 뿐이다. 모두의 예상(?)대로 나는 낮에는 청년 CEO, 밤
에는 상하이 사교계를 주름잡는 한국에서 온 훈남이 될 것이다.
나에게 향수병은 나의 매력을 더욱 배가시키는 향수가 들어있는
병일 뿐이었다.

#02 2008년 2월 14일 흐림

———————————————— "주말은 잘 보냈니? 맛있는 거 먹었고?"

"아 네, 맛있는 거 많이 먹고 잘 지내고 있어요. 걱정하지 마세요."

어머니와의 전화를 끊었다. 금요일 저녁부터 월요일 아침까지 먹은 거라곤 튜브형 고추장 5개와 김 그리고 어머니가 싸주신 김치가 전부였다. 이제 튜브형 고추장은 떨어졌으며 김과 김치도 이틀이 지나면 떨어질 것이다. 다행히 집 앞 한국슈퍼에는 신라면과 냉동 만두를 팔고 있었다. 굶어 죽지는 않을 것이다. 문제는 다른 데에 있었다. 외로움이었다. 사실 한국에서 나는 혼자 있는 것에 꽤 익숙했다. "넌 제일 잘하는 게 뭐니?"라는 질문을 받으면 조금의 고민 없이 "응 난 내 생일에 혼자 밥을 먹고 영화를 볼 수 있어"라고 얘기할 정도로 나에게 혼자 지내는 것은 일상이었다. 하지만 상하이에서의 외로움은 차원이 달랐다. 여자친구가 없는 것은 견딜만했다. 원래부터 없었으니까. 하지만 한국 신문, 책, TV가 없었으며 결정적으로 지인이 단 한 명도 없는 것이 가장 큰 문제였다. 상하이에 오기 전 한국 남자는 중국 여자에게 꽤 인기 있다는 이야기를 들었다. 한 달 동안 있으면서 이 말의 반은 맞고 반은 틀린 것을 깨달았다. 중국 여자들은 확실히 잘생긴 한국 남자를 좋아했지만 그렇지 않은 남자는 좋아하지 않았다. 나는 유노윤호가 아닌 "그냥 동규"였다.

그리고 또 하나의 걸림돌은 내가 가진 '한국말을 하지 않으면 중국사람보다 더 중국 사람 같은 외모'였다. 퇴근 후 약속 따위는 없었다. 집 이외에는 갈 데가 없었다. 덕분에 한 가지 특기가 생겼다. 한 달 만에 누운 채 발가락으로만 TV, DVD, 난방기(에어컨) 리모컨을 조작할 수 있게 되었다. 1년이 더 지나면 어떤 새로운 신기한 생활의 기술이 생길지 궁금하다.

#03 2010년 3월 6일 비

―――――――――― 주르륵 비가 내리던 토요일 오후 저녁 6시 30분, 전화가 울렸다. 전화를 받으러 가는 3~4초 동안 제발 가족이 아닌 다른 사람의 전화이기를 간절히 바랐다. 그러나 나의 기대와는 다르게 결국 어머니였다.

"집에 있니?"

"네."

"할머니가 조금 전에 돌아가셨어."

"……."

"좋은 곳으로 가시도록 기도하렴."

며칠 전 외할머니가 병원에 입원하셔서 아마 조만간 돌아가실 것 같다는 누나의 전화를 받았었다.

그날 이후 가족으로부터 전화가 온다는 것은 할머니와 관련된 비보라고 생각해서 전화가 울릴 때마다 가족이 아니길 바랐다. 결국 오늘 그 원하지 않았던 전화가 온 것이었다.

104세로 천수를 누리셨으니 더 오래 사시라고 기원하는 건 욕심일 것이다. 하지만 아무 조건 없이 나를 사랑해 주신 분을 떠나보내야 하는 건 그분의 나이가 110세이시든 120세이시든 슬픔을 억제하기 쉬운 일이 아니다. 오히려 오래 사신 만큼 그분과의 추억을 더 많이 가지고 있기에 슬픔은 더 크다. 몇 개월 전 한국에 가서 누워계신 할머니를 뵈었을 때, 다행히 나를 알아보고 계속 손을 잡아 주셨다. 설마 이게 마지막이 되지는 않겠지라고 생각했지만 결국 마지막이었다. 조금 전 샤워를 했지만 다시 샤워해야만 했다. 샤워 물줄기를 맞으며 통곡 속에 눈물을 흘렸다. 다음 주 월요일, 회사에 중요한 행사가 있어서 할머니 장례식장에 갈 수가 없었다. 처음이자 마지막으로 상하이를 떠나고 싶은 순간이었다.

#04 2010년 6월 17일 갬

———————————— 집에 있는 모든 식기를 꺼냈다. 그래도 부족해서 종이컵과 나무젓가락이 더 필요했다. 우리 집에 나의 지인 10여 명이 모였다. 그들은 각자 다른 이유로 상하이를 찾았지만 오늘만큼은 모두 붉은색 옷을 입었다. 상하이에도 붉은 악마는 있었다. 아르헨티나와 대한민국의 월드컵 축구경기가 있는 날이다. 우리에게 필요한 건 맛있는 음식과 칭다오 맥주, 그리고 시원한 골이었다. 음식과 맥주는 넘쳤지만 기대했던 시원한 골들은 상대편에서 나왔다. 경기 결과는 1대 4. 처참한 패배였다. 경기는 졌지만 함께하는 이들이 있어 유쾌한 시간이었다. 언젠가부터 상하이에서 이들의 아지트는 우리집이었다. 이들에게 상하이의 명소는 화려한 야경을 볼 수 있는 '와이탄(外灘)'도 프랑스 파리를 그대로 재현한 '신천지(新天地)'도 아니었다. 한국으로 전화할 수 있는 070 전화기, 드라마 〈시크릿 가든〉을 생방송

남자는 여행

으로 볼 수 있는 한국 TV, 그리고 냉장고에 시원한 칭다오 맥주가 항상 갖추어진 우리집이었다.

#05 2010년 8월 10일 흐림

──────────────────────── "한국 오면 연락해주세요."

"응 그래 한국 가면 연락할게."

두어 달 사이 친했던 동생들과 지인들 대부분이 상하이를 떠났다. 다시 혼자가 되었다. 사전 연락 없이 무작정 우리 집을 불쑥 찾아와도 반가웠던 지인도 떠났고 "맛있는 양꼬치(양고기 꼬치) 사주세요."라고 칭얼대는 동생들도 이제는 없다. 2년 전 처음 상하이에 온 것처럼 금요일 저녁부터 월요일 아침까지 여덟 끼니를 다시 혼자 먹어야 한다. 물론 혼자라는 것이 두렵지는 않았다. 가족같이 지냈던 동생들을 다시 보기 위해서는 나 역시 상하이를 떠나야 하지만 난 아직 이곳을 떠날 생각이 전혀 없다. 결국 나와 그들의 인연은 여기까지였다. 전화기를 본다. 한동안 주말에는 전화벨이 울리지 않을 것이다.

#06 2011년 3월 5일 맑음

──────────────────────── "근데 나랑 사귈래요?"

"네에? 저랑요?"

불과 2주 전에 알게 된 그녀는 나와 동갑이었다. 띠동갑. 띠동갑인 그녀에게 사귀자고 고백을 한 것이다. 사실 고백을 하기 전에는 성공 확률이 어느 정도 있다고 생각했다. 하지만 그녀는 너무 당황스러워했다. 역시 나이 차이가 걸림돌이었다. 이제까지의 경험에 의하면 알고 지내던 여자와 사이가 멀어지는 경우는 내가 고백을 하거나 상대방이 남자친구가 생겼을 경우 딱 두 가지였다. 그녀는 전자의 이유로 나와의 사이가 멀어지게 될 것으로 예상했다. 다행히 여기는 한국이 아니었다. 그녀는 상하이에 온 지 2주밖에 안 되었으며 나 이외에는 의지할 사람은 물론 아는 사람도 없었다. 그녀에게 다시 얘기했다. "그럼 천천히 생각하고 오늘 우리 이왕 이렇게 만난 거니까 같이 상하이 구경해요."

그녀가 작은 목소리로 대답했다.

"알았어요. 대신 내가 얘기할 때까지 더는 그 이야기 꺼내지 마세요."

지금 시각은 오후 2시, 그녀와 10시쯤에 헤어진다면 나에게 주어진 시간은 약 8시간이다. 나는 마법사였다. 나에게 3시간만 주어지면 그 시간 안에 누구든지 상하이를 사랑하게 만들 수 있는 '상하이 마법사'였다. 문제는 나도 몰랐던 나의 숨겨진 매력을 어떻게 그녀에게 보여 주는가 하는 것이었다. 그녀와 오늘 만나기로 약속을 한 이후 며칠 동안 머릿속으로 그녀를 데리고 어디를 갈지 끊임없이 시뮬레이션했다. 동선, 날씨, 시간대, 그녀의 취향 등을 고려하여 내가 아는 상하이 최고의 명소 다섯 곳을 선정했다. 화장실이 어디에 있는지, 언제 가게 문을 여는지, 추천 음식이 무엇인지, 역사적으로 어떤 유래가 있는지 등이 모두 내 머릿속에 암기되어 있었다. 그녀와의 "첫 데이트"가 될지 아니면 "처음이자 마지막 데이트가 될지" 모른 채 그녀와의 데이트가 시작되었다.

그녀를 데리고 상하이의 근 현대사를 볼 수 있는 도시 계획관을 둘러보고 "샤넬(CHANEL)" 전시회를 하는 현대미술관으로 갔다. 관람하고 나오는 출입구에 방문록이 있었다. 나는 내가 제일 잘 그릴 수 만화 캐릭터를 그렸고 그녀는 그녀를 닮은 예쁜 그림과 함께 "동갑내기 친구와 함께"라는 글을 남겼다. 이때 난 그녀가 내 여자친구가 되는 상상을 하면서 그녀를 보았다. 그녀는 내게 더없이 사랑스러웠으나 표정은 어딘지 단호해 보였다.

그녀를 데리고 현대미술관 옆 '바바로사 카페'에 가서 차를 마셨다. 스난 맨션에 있는 '팻 올리브(Fat Olive)'에서 저녁을 먹고 숨겨진 명소인 '쟈산 마켓'(Jiashan Market)에 있는 '안녕키친'에서 와인을 마실 때까지 그녀는 나의 고백에 대해서 긍정도 부정도 아닌 모호한 태도를 보였다. 8시간 동안의 내가 계획했던 일정이 끝났다. 나는 8시간 동안 긴장하면서 설레였고 그녀는 즐거워하면서 부담스러워했다. 이제는 그녀 집 앞에서 헤어질 시간이다. 다시 한 번 그녀에게 물어봤다.

"솔직히 대답을 해주면 좋겠어요. 나에 대한 마음이 없더라도 우리는 오늘처럼 잘 지낼 수 있을 거예요."

나의 질문에 그녀는 "제 대답은요……"라고 머뭇거리다가 나에게 다가와 나의 뺨에 그녀의 입술을 살며시 댔다. 그리고 상기된 얼굴로 아파트 계단을 뛰어 올라갔다.

아름다운 밤이었다. 오늘 이 밤은 나에게 어제와 다를 바 없는 어둡고 긴 터널 같은 밤이 아니었다. 오랫동안 기다리던 축제를 앞둔 전야제의 밤이다. 오늘 밤이 지나면 나는 그녀의 남자친구가 되는 것이다.

#07 2012년 5월 24일 맑다가 흐림, 흐리다가 갬

──────────────── 상하이에 있으면서 가장 생각
하기 싫은 날이 다가왔다. 내일이면 상하이에 도착한 날 이후로
한번도 사용하지 않았던 커다란 이민 가방과 편도행 티켓을 들고
한국으로 돌아가야만 한다. 내 인생의 청춘이 끝나는 날이었다.
짐을 꾸리고 집을 나왔다. 오늘따라 상하이 날씨는 나에게 잔인
할 정도로 맑았다. 목적지를 정하지 않고 버스를 탔다. 플라타너
스가 가득한 라오시먼(老西门)에 무작정 내렸다. 걸으면서 한국에
가면 좋은 것들을 떠올렸다. "어머님이 해주시는 밥, 그동안 못
본 친구들과 후배들과의 만남, 항상 가고 싶었던 야구장과 서점,
한국에 있는 그녀……." 하지만 기분은 전혀 좋아지지 않았다.

　내일이면 이런 것들보다 더욱 사랑하는 '나의 상하이'와 이별
을 해야만 한다. 과거로 되돌릴 수 있는 타임머신이 필요했지만
현실에는 존재하지 않는다. 하지만 다행이었다. 상하이에 있었
던 '1,686일'은 되돌릴 수 없지만 내 마음에서 사라지지는 않을
테니까.

　미래와 현재보다 과거가 좋은 점은 바꿀 수 없다는 점이다. 나
는 계속 상하이에 머무를 것이다. 내 머릿속 타임머신을 타고 와
이탄으로, 날씨 좋은 주말이면 무작정 걸었던 예쁜 카페가 즐비
한 프랑스 조계지, 나와 그녀가 무척 좋아했던 허름한 국숫집으
로 향할 것이다.

　나에게 있어 오늘은 단순히 2012년 5월 24일이기 전에 '아름다
운 나의 도시 상하이를 가장 사랑한 날'이었다.

───────────────── "재호야 이 국수 맛있지? 중국어로 도소면(刀削面)이라고 하는데 우리나라 수제비 같은 거야. 허름한 가게지만 이곳 국수는 형한테는 상하이에서 가장 맛있는 음식이란다."

"맛있네요. 형. 상하이에 있을 때 자주 먹었겠네요?

"응. 여자친구도 좋아해서 자주 먹었어."

"좋아할 만하네요. 그 친구랑은 어떻게 헤어졌나요?"

"형은 마법사였잖아. 상하이 마법사. 하지만 형의 마법은 상하이에서만 유효하고 한국에서는 통하지 않더라. 한국에 오자마자 많은 연인이 헤어진 것처럼 특별하지만 사실은 뻔한 이유로 헤어졌어. 그 뒤로 상하이에 오면 마지막 날 밤에는 그 친구가 좋아했던 도소면을 먹고 있어. 내가 좋아했던 그녀를 위해 유일하게 해줄 수 있는 일이 아닐까 싶어."

손명주

삶이 마치 여행 같기를

프놈바켕, 그리고 제주

저마다의 일생에는, 특히 그 일생이 동터 오르는 여명기에는 모든 것을
결정짓는 한순간이 있다. 그 순간을 다시 찾아내는 것은 어렵다. 그것은
다른 수많은 순간들의 퇴적 속에 깊이 묻혀 있다. 다른 순간들은 그 위로
헤아릴 수 없이 지나갔지만 섬뜩할 만큼 자취도 없다. 결정적 순간이 반
드시 섬광처럼 지나가는 것은 아니다. 그것은 유년기나 청년기 전체에 걸
쳐 계속되면서 겉보기에는 더할 수 없이 평범할 뿐인 여러 해의 세월을 유
별난 광채로 물들이기도 한다.

—장 그르니에

#01 아~ 프놈바켕

—————————————————— 그날 새벽에도 개들은 울었다. 시작은 한 마리의 개였다. 그 한 마리가 울자 옆에 있던 다른 한 마리가 울었다. 두 마리가 울자 곧 네 마리가 울었고 네 마리가 울자 여덟 마리가 울었다. 어느새 개소리는 마치 좀비처럼 걷잡을 수 없이 불어났다. 빛을 잃은 도시의 전력난을 위로하듯 개들은 그렇게 절규하며 씨엠립의 새벽을 밝혔다.

어제 새벽에도 그랬다. 밤 비행기로 캄보디아 씨엠립에 도착한 우리는 공항을 나와 바로 호텔로 갔다. 객실은 쾌적했고 침대는 푹신했다. 하지만 우리는 그날 잠을 설쳤다. 회사에서 많은 일을 처리하고 오느라 좀 무리했더니 목이 따갑고 열이 났다. 이리저리 뒤척이다 겨우 잠이 들었는데, 온 동네 개들이 짖어대는 통에 새벽에 깨고 말았다. 난데없는 새벽 개소리에 깬 아내도 내 옆에서 몸을 뒤척였다.

다행히 아침이 되자 몸이 좀 가벼워졌다. 여행 첫날이었던 그날, 우리는 이번 여행의 유일한 목적지인 프놈바켕에 갔다. 나는 15년 동안이나 프놈바켕을 동경해 왔고, 아내는 그 사실을 3일 전에 알았다.

프놈바켕을 오르는 계단은 가팔랐다. 허리를 굽히고 긴장하며 오를 수밖에 없었다. 그것은 일종의 의식이었다. 15년 동안 가슴속에 간직해 왔던 곳을 향한 성스러운 의식이었다.

15년 전, 내가 대학교 신입생이던 시절. 숫기도 없고 친구도 없었던 나는 주로 도서관에서 혼자 시간을 보냈다. 그때 나는 친구조차 불필요하다고 여기며 세상을 향해 마음의 문을 굳게 닫아 두고 있었다. 일종의 사춘기였다.

스무 살의 사춘기는 탈피하듯 어린이의 몸을 벗어던져 생식기능을 완성한 열다섯 살의 사춘기와는 많이 달랐다. 뭐랄까. 어떻게 살아야 할지 몰라 앞날이 막막했다.

영화나 소설 속 인물에게 도서관은 훗날 대문호의 탄생을 예견하는 복선의 장소가 될 수도 있겠지만, 나는 거기서 사진집을 보며 시간을 때웠다. 주로 누드 사진을 감상했다는 고백을 굳이 할 필요는 없을 것 같다. 다만 서가의 수많은 사진집 중에서 나를 매료시킨 단 한 장의 사진이 있었으니, 그것은 인간의 육체를 담은 사진이 아니었다.

나는 우연히 본 일몰 사진 한 장에 완전히 매료되어 버렸다. 온몸에 전기가 흐르는 것처럼 정신을 잃게 한 것은 바로 캄보디아 앙코르 유적지의 하나인 프놈바켕에서 바라본 일몰 사진이었다. 옆에는 아직 안 본 누드집이 줄줄이 꽂혀 있었다. 하지만 아무것도 눈에 들어오지 않았다. 국경 너머로 지고 있는 사진 속 붉은 해는 너무도 강렬해서 넓게 확장된 동공을 타고 들어와 내 심장까지 태워버릴 것만 같았다.

신선한 충격이었다. 사회인이 되면 그저 여행이나 많이 하고 싶다고 생각하던 나는 그때부터 캄보디아에, 아니 오직 프놈바켕에만 가보고 싶다는 생각을 간절히 하게 되었다. 신에게 조아리듯 가파른 계단을 기어올라 프놈바켕에 서서 사진 속 일몰을 직접 볼 수 있다면 소원이 없겠다고 생각했다.

대학을 졸업하고 처음으로 한국이 아닌 곳을 여행했다. 나는 이제 여행경비 정도는 내 손으로 버는 어엿한 사회인이니까. 일정은 짧았지만 세계여행의 첫발을 떼는 특별한 여행이었다. 떨리는 발길로 공항의 탑승장에서 올라탄 건 캄보디아행 비행기가 아니었다. 오래전 보았던 한 장의 사진이 선사한 경이로움은 너무도 컸다. 시간이 지나자 프놈바켕은 감히 내가 발을 들어서는 안 되는 곳이라 여겨졌다. 동경하는 것만으로도 죄를 짓는 것으로 생각될 만큼 그곳은 나에게 신성하고도 고결했다. 프놈바켕은 나에게 세상에 존재하지 않는 관념 속의 장소가 되어 있었다.

태어나서 처음으로 탄 국제선이 향한 곳은 방콕이었다. 바쁜 회사 일정을 쪼개서 간 짧은 여행이라는 아쉬움은 첫 해외여행이라는 의미로 대신했다. 방콕의 모든 것이 인상적이었다. 도시를 가로지르는 운하와 수상가옥, 주말 시장, 왕궁 등. 다만 지면에 소개할 만한 에피소드는 없다. 회사의 옆자리 동료와 함께한 여행이었기 때문이다.

혹시 누군가가 우리를 게이 커플로 오해하지는 않을까 하고 아주 가끔 걱정했었다. 그리고 카오산 로드의 어느 카페에 앉아 이런 생각을 했다. 언젠가 세계일주여행을 떠난다면 첫 번째 도시는 반드시 방콕이어야 한다고. 그때 이곳 카오산 로드에 다시 와서 지금처럼 낮부터 맥주를 마시겠다고. 그리고 이런 생각도 했다. 꽉 막혀 있는 것만 같은 내 삶의 해방구를 여행에서 찾을 수 있을지도 모르겠다고.

그 후로도 많은 여행을 했지만 캄보디아에는 가지 않았다. 현실 세계에는 존재하지 않는다는 그 어처구니없는 망상 때문에 나는 프놈바켕에 갈 생각을 정말로 못하고 있었다. 하지만 나는 결국 이렇게 프놈바켕에 왔다. 너무도 쉽게.

#02 여행, 그 설렘에 대하여

3일 전. 휴가 날짜는 진작 정해졌지만 바빠서 어떤 계획도 세우지 못하고 있었다. 결혼한 지 얼마 안 되었을 때였고 아내와 함께 가기로 한 여행이었다. 그날도 야근 후 집에 늦게 들어왔다. 지친 표정으로 아내에게 프놈바켕에 가는 게 오래전부터 내 소원이라고 말했다.

아내는 정확하게 3일 후에 우리는 프놈바켕에서 일몰을 볼 거라고 말했다. 그리고 그 자리에서 인터넷으로 항공, 숙박 패키지 상품을 예약했다. 그걸로 끝이었다.

아내는 마치 홈쇼핑에서 프라이팬을 사듯 캄보디아행 비행기와 호텔을 예약했다. 프놈바켕을 향한 '나의 어처구니없는 망상과 동경'이 아내에겐 그저 '홈쇼핑에서 파는 상품' 같은 것이었다는 사실에 어안이 벙벙했다.

떠나기 전 나는 주체할 수 없이 설레었다. 설렘은 여행이 주는 또 다른 선물이다. 그리고 참 신비로운 감정이다. 무엇을 하든, 누구를 만나든, 어디를 가든, 이 감정이 절정에 이르는 시점은 늘 그 전날이다. 쉽게 예측하고 재단할 수 없는 것이 사람의 감정이지만, 설렘만은 정해진 시간에 정확히 심장을 두드리는 신비로운 감정이다.

소풍 전야에 아이를 잠들지 못하게 하는 것도, 사랑하는 사람 생각에 심장이 터질 것 같은 것도 설렘 때문이다. 정신없이 여행 가방을 싸면서도 영혼은 이미 육체를 이탈하여 자기 혼자 공항에 가 있는 것 역시 주체할 수 없는 설렘 때문이다.

그래서 설렘은 위험하다. 필요 이상의 기대감을 동반하여 심장 박동수를 높이고 수면 장애를 일으킨다. 하지만 이런 것들은 일시적인 현상에 불과하다. 아무리 심한 설렘의 열병도 막상 당일이 되면 약간의 미열만 남을 뿐 그리 치명적이진 않다. 무엇보다 위험한 건 따로 있다. 한 번 걸리면 쉽게 낫지도 않는다. 운이 나쁘면 평생 갈지도 모른다. 심할 경우 일상생활에 지장을 주기도 하는 그것은 다름 아닌 중독이다. 지독히도 강한 중독 말이다.

특히 여행이 그렇다. 지난 여행이 남겨 놓은 여운의 밑바닥에는 어느새 다음 여행을 향한 설렘이 자리 잡는다. 그래서 일상이 지루해지면 지난 여행을 떠올리다가 또다시 여행을 계획한다. 여행을 마치면 어김없이 일상으로 복귀해야 하고, 그 일상이 다시 지루해질 걸 알면서도 또 여행을 계획하고, 그 힘으로 또 일상을 살아간다. 그것이 여행이 안겨주는 설렘의 중독성이다. 지독히도 강한.

#03 아~ 나의 일몰, 우리 모두의 일몰

──────────────── 3일 후, 해 질 무렵에 나는 아내와 함께 프놈바켕 사원에 서 있었다. 붉게 물든 채 저물어 가는 해를 보며 나는 눈물을 훔쳤다. 활자로는 표현할 수 없는 감동이었다. 말로는 설명할 수 없는 경이로움이었다.

아~ 프놈바켕, 나는 프놈바켕에 왔다. 오래전 나의 동공을 타

고 들어와 심장을 태워버릴 것 같았던 그 일몰을 마주했다. 15년
이나 묵혀둔 감동을 전하기에 인간의 언어는 너무도 초라했다.
내 뺨을 타고 흐르는 한줄기 눈물만이 반짝 빛났다.

우리는 매일 일몰을 보았다. 해 질 무렵이면 아무 사원에나 올
라 프놈바켕에서의 채 가시지 않은 감동 위에 또다시 붉은색을
덧입혔다. 어느 사원에 서서 봐도 장관의 일몰이 펼쳐졌다. 서 있
는 곳만 다를 뿐, 똑같은 해를 보면서도 우리의 벅차오르는 감정
은 매일 새로웠다. 특히 쁘레 룹은 다른 사원들과는 조금 다른 일
몰을 보여주었다.

여행 사흘째였나. 쁘레 룹에 올라서자 그곳에는 이미 여행자들
이 많이 모여 있었다. 그들은 서쪽 하늘이 붉어지기를 기다리며 말
이 없었다. 곧 해가 지기 시작했다. 종일 사원의 돌들을 달구느라
힘을 잃고 집으로 돌아가던 해는 마지막 숨을 뱉어내듯 붉게 불탔

다.

아~ 나의 일몰, 우리 모두의 일몰. 입을 열면 심장 깊이 파고든 감동이 옅어져 버릴까 싶었던지 사람들은 말없이 서쪽만 바라보고 있었다.

나는 앙코르를 일몰의 도시라 말하고 싶다. 아침 일찍 사원에 오른 누군가는 앙코르를 일출의 도시라고도 하겠지. 유적지로 야간 투어를 다녀온 누군가는 앙코르를 야경의 도시라고 할지도 모른다. 사람마다 마음을 파고들어 오는 건 다 다르니까.

나는 오래전 그때, 왜 한 장의 일몰 사진에 마음을 빼앗겼을까. 수많은 유적지 중에서 왜 프놈바켕이었을까. 나는 왜 피렌체의 두오모에는 매료되지 않았을까. 나는 왜 파리의 에펠탑을 덤덤히 바라봤으며 카이로의 피라미드에는 아무런 감흥이 없었을까. 왜 프놈바켕의 일몰이 내 마음을 파고들었을까.

쁘레 럽에서 내려오자 한 소녀가 나를 따라왔다. 나를 보고 완딸라(1 dollar)라고 아주 작게 말했다. 소녀의 손에는 바나나 잎으로 만든 꽃이 서너 개 들려 있었다.

저런 건 사면 안 된다고 들었다. 부모는 밖에서 돈을 벌어오는 아이를 학교에 보내지 않는다고 했다. 자립의 의지를 잃고 관광객의 동정에 기댄다고 했다. 값싼 동정으로 건넨 1달러가 저 아이들의 미래를 빼앗는다고 했다.

다른 아이들은 관광객들에게 호통치듯 완딸라를 외치고 있었다. 기념품을 팔러 나온 아이들은 관광객이 있는 곳이라면 어디든 나타나 완딸라를 외쳤다. 그중에 어떤 완딸라는 식구의 저녁을 챙겨야 하는 어린 가장의 절박함이었다. 어떤 완딸라는 생기

넘치는 어린 상인의 철없는 활력이었고 어떤 완딸라는 아이의 미래는 사치스러운 걱정에 불과한 부모의 무기력이었다.

그중에서 어떤 완딸라는 관광객의 주머니를 열었다. 그리고 어떤 완딸라는 허공을 떠다니다 부서졌다. 소녀의 수줍은 완딸라만이 어디로도 가지 못하고 내 등 뒤를 맴돌았다.

소녀에게 1달러를 건네고 그 꽃을 받았다. 바나나 잎 꽃을 내 배낭에 하나 걸고 아내의 배낭에도 하나 걸어 주었다. 잘 산 것 같다. 품질이 아주 좋다. 몇 년이 지난 지금도 그 꽃은 나와 아내의 배낭에 매달려 우리의 여행에 동행하고 있다.

#04 가까운 나라 캄보디아

────────────── 새벽마다 들려오는 개들의 울음소리를 참아낸 건 맥주와 망고 덕분이었다. 시장에서 봉지 가득 망고와 앙코르 맥주를 사서 냉장고에 쟁여 놓고 밤마다 먹고 마셨다. 앙코르 맥주는 캄보디아 사람들의 자랑일 것 같다. 중국에는 칭다오 맥주가 있다. 네덜란드에는 하이네켄이. 일본에는 아사이 맥주가 있다. 독일에는 벡스가 있고, 벨기에에는 호가든이 있다. 하물며 북한에는 대동강 맥주가 있는데 한국에는 한국을 대표하는 맥주가 없다. 여행을 마치고 호텔로 들어와 앙코르 맥주를 한 모금 들이키는 순간만큼은 캄보디아 사람들이 부러웠다. 그때 이런 생각도 했다. 언젠가 정원을 갖게 된다면 망고나무를 꼭 심고 싶다고.

앙코르 유적지로 유명한 캄보디아는 한국에서 비행기로 다섯 시간밖에 안 걸리는 가까운 나라다. 우리나라를 김치와 경복궁의 나라라고만 정의할 수 없듯이 캄보디아의 역사와 문화를 소개하기엔 어느 외국인에 불과한 나의 상식은 어쭙잖기 그지없다.

캄보디아가 겪은 내전의 역사에는 우리의 근현대사보다 더 많은 사람의 피와 눈물이 서려 있다. 1970년대 급진 공산주의 정권에 의해 200만 명의 양민이 학살된 킬링필드가 대표적이다. 안타깝게도 아직까지도 세계 최빈국을 벗어나지 못했다. 정치는 부패했고 국가의 근간 산업인 농업은 경쟁력이 없다. 창대했던 앙코르 왕국의 유산만이 외국인 관광객을 끌어모으며 이 나라에 외화를 수혈하고 있다.

신들의 도시라 불리는 앙코르는 동남아시아 최초의 힌두 왕국이다. 앙코르 와트 사원을 중심으로 유적지 군이 모여 있는 씨엡립에는 일 년 내내 전 세계 여행자의 발길이 끊이지 않는다. 한국인은 가까운 동남아시아보다는 유럽을 여행지로 선호하지만, 앙코르야말로 일생에 한 번은 꼭 가봐야 할 유적지라고 감히 말하고 싶다.

어쩌면 너무 가까워서 그런지도 모른다. 우리에게 동남아시아는 늘 관심 밖이었다. 시바, 비슈누, 야마라는 이름의 신은 생소하지만 제우스는 마이클 조던만큼이나 친근하다. 동남아시아는 마음만 먹으면 언제든 갈 수 있기에 우리의 시선은 언제나 머나먼 유럽을 향해 있는 게 아닐까.

앙코르 유적지 중에서 가장 유명한 사원은 단연코 앙코르 와트다. 크메르 고대 건축문화의 빛이라고 할 만큼 정교하고 아름다운 것이 특징이라고 어느 책에서 소개했지만 역시나 일반인에

남자는 여행

게는 크기로 유명하다. 엄청나게 크기 때문이다. 수리야르만 2세가 힌두의 신 비슈누에게 바친 사원이라는데, 오백 년 조선왕조의 계보를 외우기 위해 태정태세문단세를 읊었던 내가 수리야바르만 2세가 누군지 어떻게 알까. 그저 앙코르 와트의 웅장함에 압도되어 입을 다물지 못했을 뿐이다.

앙코르 유적지를 소개할 때 '타 프롬' 또한 빼놓을 수 없다. 밀림에 묻혀있던 천년의 세월 동안 타 프롬은 자연과 한몸이 되어 있었다. 역사가 얼마나 깊던, 자연 앞에서 인간의 문명은 모래성처럼 연약했다. 돌담은 집채만 한 나무뿌리에 휘감겨 있었고 허물어진 석탑은 벼락을 맞은 나무와 함께 쓰러져 있었다. 실타래처럼 엉킨 넝쿨 사이로 넌지시 보이는 석상만이 희미하게 웃고 있었다. 우리는 이 거대한 사원을 집어삼킨 채 인류와의 접촉을 거부해온 천 년 전의 그 밀림 속에 들어와 있는 것 같았다.

저들은 타 프롬을 복원하기 위해 나무를 걷어내고 뿌리를 잘라내지 않았다. 자연과 한몸이 되어가는 과정을 그대로 지켜보는 것이야말로 진정한 의미의 보존이라 여기는 것이었다.

#05 보통 사람에게 여행은

──────────────── 돌아가는 비행기 안. 한국과 가까워지는 만큼 프놈바켕은 멀어졌다. 돌아가면 다시 일상이 시작될 테고 그 일상은 곧 지겨워지겠지. 그러다 월급이 나오면 좀 안도하다가 어느새 프놈바켕을 생각하겠지. 그리고 쁘레 럽을 생각하다가 앙코르 와트를 생각하고 타 프롬을 생각하겠지. 그

러다 또 다음 여행을 계획하고, 바쁜 시간을 쪼개서 겨우 며칠의 휴가를 내겠지.

나는 삶을 지탱하기 위해 일을 해야 한다. 보통사람들의 삶도 그럴 것이다. 그리고 무언가가 결핍된 채로 살아가는 것 또한 평범한 사람들의 인생인지도 모른다. 꿈은 늘 멀어 보이고, 그 꿈을 향해 손을 뻗기엔 내 팔이 너무 짧아 보이는 것 말이다.

결핍에 대한 망각을 위해 나는 여행이 필요했다. 그리고 캄보디아에서 한국으로 돌아가는 그 비행기 안에서 생각했다. 삶이 마치 여행 같으면 좋겠다고.

어릴 때는 어른이 되면 마음껏 여행할 줄 알았다. 원하는 걸 얻기 위해서는 어른이 되는 길밖에 없다는 것이 대부분 아이들의 믿음이니까.

군대를 다녀오고 대학을 졸업한 나는 경제사회의 구성원으로 자립한 어른이 되었다. 하지만 여행에 필요한 건 대한민국 성인이라는 주민등록상의 요건이 아니었다. 어른이 되어 맞닥뜨린 사회는 어린아이의 미숙한 시선으로 바라본 세상과는 많이 달랐다.

보통의 직장인이었던 나는 여행을 위해 가용할 수 있는 시간이 많지 않았다. 마치 보너스처럼 여겨지는 며칠간의 여름 휴가, 휴가원을 내밀 때마다 팀장님께 송구한 연차휴가, 어쩌다 주말 옆에 걸쳐 있는 공휴일이 전부였다. 감성 가득한 인기 여행기의 주인공처럼 짧게는 한 달, 길게는 몇 년 동안 여행을 한다는 것이 나에게는 그저 꿈같은 이야기일 뿐이었다.

어떤 책에서 여행은 용기의 문제라고 했다. 무엇에 대한 용기인가. 평범한 보통 사람이 직장의 문제를 용기의 문제로 바꾸려면 무엇이 필요한가. 책은 봉천동 주택가 원룸의 월세를 그저 용기만 내면 해결할 수 있는 낭만적인 고민으로 치환해 주지 못했다. 잠시 접어두었던 꿈을 위해서도 직장은 나에게 없어서는 안 되는 것이었다.

나의 여행은 늘 시간에 쫓기고 돈에 쫓기고 일에 쫓겼다. 세상 구석구석 누비고 걸어야 할 나의 두 다리는 출퇴근과 야근의 무게에 눌려 있었다. 그리고 넓은 세상을 향한 어린 시절의 패기 찬 다짐은 삶을 지탱하기 위해 포기해야 하는 어른의 망념이 되어 있었다.

#06 마흔 살, 모든 게 아릿한 기억으로

―――――――――――― 그래도 기를 쓰고 이 나라 저 나라 닥치는 대로 돌아다녔다고 하면 지나치게 작위적일 것 같다. 솔직히 말해 나의 여행은 화려하지 않았다. 바쁜 와중에 잠시 짬을 내어 여행하기 위해서 무던히도 애를 써야 했다. 미리 개인 업무를 처리하고 팀원들에게 협조를 구하고 타 부서와 조율하는 지루하고도 짜증이 나는 과정을 관문처럼 통과해야 했다.

평범한 직장인의 여행은 이런 식일 수밖에 없는 것일까. 자조 섞인 푸념을 쏟아내면서도 나는 틈틈이 여행을 다녔다. 남자들만 득실대는 직장 동기와의 남도여행, 극도의 쓸쓸함을 찾아 홀로 떠난 동해, 지금은 아내가 된 여자 친구와의 태안반도, 한 달 동안 대륙을 횡단한 중국, 충동적으로 비행기 티켓을 사서 간 방콕 등.

그 시절 나의 여행을 빛나게 한 건 사진이었다. 나에게 사진은 바닥을 싹싹 긁어도 발견할 수 없는 예술성의 발현은 아니었다. 단지 남들 다 있는데 우리 집에만 없던 기계에 대한 어린 시절의 로망이었다. 무분별하게 흩어져 있던 풍경은 뷰파인더 속에서 하나의 피사체로 압축되었다. 좋은 사진은 극도의 절제와 단절을 요구했다. 여행을 마치고 돌아갈 직장은 뷰파인더를 벗어난 풍경처럼 여겨졌다. 그것은 여행의 순간에 집중해야 할 이유이기도 했다. 결코 화려하지 않았던 나의 여행은 카메라와 함께한 순간 묵직한 원색이 되었다.

여행을 떠나기 전날, 종류별로 산 필름을 가방에 쑤셔 넣으며 생각했다. 이번엔 이 필름들에 어떤 모양의 빛을 새겨서 오게 될까. 누워서도 뷰파인더로 바라본 그곳을 상상하느라 잠을 이루지 못했다.

지금도 오래된 필름과 사진들을 가끔 펼쳐본다. 두꺼운 앨범의 하드커버를 펼치면 지나가 버린 시간만큼 색 바랜 사진들이 나를 맞이한다. 한 컷을 찍기 위해 숨 고르던 순간, 인화된 결과물을 기다리던 두근거림, 그런 감성을 기록의 편리함으로 대체해 버린 디지털카메라, 그리고 행방이 묘연한 몇 롤의 필름을 생각한다.

지난날의 기억들이 아릿하게 다가오는 건 마흔 살 남자의 숙명일까. 세상을 알아가며 상처받던 20대, 그럼에도 스스로 길을 찾아서 꾸려왔던 30대. 나 자신이 대견한 걸까. 아니면 나에게 미안한 걸까. 마흔 살 남자에게 지난날의 기억들은 왜 이리도 아릿할까.

단지 남성 호르몬의 감소 때문이라고 하기엔 좀 복잡한 심경이다. 나는 나에게서 어떠한 노화의 단서도 발견할 수 없지만 요즘 들어 성인병 예방에 좋은 음식을 찾게 된다. 마흔 살부터는 건강 검진 항목도 달라지고 나라에 전염병이 퍼지면 40대는 고위험군에 속한다. 왠지 세상과 고립되는 것 같은 기분이다.

하지만 이제 슬슬 퇴장하라고 엄포하는 듯한 세상의 시선과 달리 마흔은 또 다른 시작을 준비하기 위해 잠시 숨 고르기를 하는 나이가 아닐까. 아릿함으로 새겨진 날들만큼이나 긴 시간이 앞으로의 나를 기다리고 있기 때문이다. 마흔 살은 마치 색 바랜 사진처럼, 행방을 감춘 필름처럼, 희미해지고 잊혀 버렸는지도 모르는 꿈을 위해 잠시 숨 고르기를 하라고 주어진 시간인 것만 같다.

#07 손을 뻗으면 닿는 곳에

오래도록 꿈꾸었던 프놈바켕은 손만 뻗으면 닿는 곳에 있었다. 무엇이 나의 손끝을 멀어 보이게 만들었을까. 지나치게 컸던 감동이 거리감을 만들고, 꿈을 미뤄두고 일만 해야 했던 상실감이 그곳을 관념 속으로 밀어 넣은 게 아닐까. 자라서 읽은 위대한 소설이 어릴 때 품은 소설가의 꿈을 빼앗아 가버렸듯이 말이다.

소설가가 되고 싶었다. 그러나 나는 소설가가 될 수 없다고 생각했다. 수없이 읽은 소설들이 나에게 그리 말했고 몇 주만 굶어도 죽고 마는 허약한 인간에 불과한 나 스스로가 그리 말했다. 소설을 쓰다가는 굶어 죽고 말 거라고.

누군가의 관념 속 장소가 또 다른 누군가에게는 그저 홈쇼핑에서 살 수 있는 프라이팬 같은 건지도 모른다. 아내가 인터넷에서 30분 만에 캄보디아행 비행기를 예약한 것처럼 말이다. 어느새 색 바래고 잊힌 꿈을 찾는 것도 어쩌면 비슷한 일인지도 모른다. 홈쇼핑에서 프라이팬을 사기 위해 전화기의 버튼을 누르는 것처럼, 희미해진 꿈을 향해 첫걸음을 뗴는 순간 그것은 더는 감히 다가갈 수 없는 꿈이 아니게 되는 것 아닐까.

몇 년 전 우리 부부는 제주에 정착했다. 제주가 아주 멀리 무슨 남태평양에 있는 섬은 아니다. 우리의 제주행은 합정동에서 효자동으로 이사한 것과 별반 다르지 않은 것인지도 모른다. 좁은 한반도에서 우리는 그저 다른 곳보다는 조금 더 먼 곳으로 이사한 것에 불과하니까.

다만 가변의 여지가 없는 선로 위를 걸으며 그 길에서 떨어질까 걱정하고 싶지 않았다. 선로를 벗어나는 순간 탈선이라는 어마어마한 사고가 기다리고 있다고 여기며 지금까지 회사에 다녔다. 나는 그 선로에서 뛰어내렸다. 이곳 제주엔 아무런 길도 없다. 남들과 조금 다르게 살더라도 그건 탈선도 아니고 경로 이탈도 아니다. 마치 여행처럼, 정해진 길이란 처음부터 없었던 그런 삶이기를 바랐다.

제주에 오고 얼마 후에 나는 마흔 살을 맞았다. 마흔이라는 나이가 나에게는 다음 여행을 준비하기 위해 주어진 시간 같이 여겨진다. 마침내 프놈바켕에 올라 일몰을 봤듯이 나는 이곳 제주에서 멀다고 여겼던 꿈을 향해 손을 뻗어 보려고 한다.

삶이 마치 여행 같기를.

정영호

진심을 담은 눈빛으로 바라본다면

상하이 생활者의 장기 여행

To awaken quite alone in a strange town is one of the pleasantest
sensations in the world. You are surrounded by adventure.
낯선 마을에서 홀로 잠에서 깨어나는 것은 세상에서 가장 기분 좋은 느
낌 중 하나다. 모험이 당신을 에워싸고 있다.

— 프레야 스타크, 〈바그다드 스케치〉 중에서

————————————————— 2003년, 여름이 시작되었다. 그와 함께 반복된 일상을 벗어나고 싶은 마음은 점점 더 강해졌다. 누구나 겪는다는 사회생활 몇 년 차 열병이 깊어진 탓이다. 퇴근 후 취업 사이트 해외 채용공고를 뒤지는 것이 일상의 한 부분이 되었다. 가을 무렵 중형 캐리어 하나 달랑 들고 중국으로 향했다.

니체는 바람과 파도가 없는 항해는 단조롭고 고난이 심할수록 가슴이 뛴다 했다. 중국어 한마디도 못한 채 결정해버린 상하이행. 상하이행 비행기 안에서 니체의 말을 곱씹으며 스스로 위로하고 다독였다.

극단적으로 여행은 두 가지로 나뉜다. 좋은 호텔에 머무르며 유명 관광지를 구경하고 여유를 즐기는 여행과 10위엔(元), 20위엔(元) 정도의 적은 돈에도 벌벌 떨며 현지인의 생활을 체험하는 여행이 있다. 개인적으로 후자를 더 즐긴다.

현지인처럼 생활하는 여행에서는 관광객이 느끼는 안락함보다 처절함을 느낄 때가 더 많다. 2박 3일이나 3박 4일의 짧은 여행이 아니라 하루 써야 할 생활비를 정해두고 짧게는 2주, 길게는 중국의 관광비자 허용 기간인 30일을 가득 채워 머무르기 때문이다. 당연히 화려한 클럽, 근사한 레스토랑에서 그 도시의 겉모습만을 탐미하는 것과는 거리가 멀다. 현지인과 대화하고 친구가 되고 만나고 또 만난다. 이것만 해도 시간이 부족하다.

무라카미 하루키는 여행 후 한두 달 정도 지난 후에야 여행에 대한 글쓰기를 시작한다고 말했다. 이렇게 하면 잊힌 기억과 글로 되살릴 기억이 자연스레 분리되어 글쓰기가 쉬워진다고 한다.

13년 전의 상하이 생활을 글로 표현하려니 정말 큰 기억의 줄기만 남고 소소했던 기억은 이미 희미해져 버린 것 같다. 큰 줄기에서 뻗어 나오는 기억의 조각들을 이어 붙여 생활자로서 여행 이야기를 시작해보려 한다.

상하이 한인 회사의 IT 부문 관리실장으로 일하며 상하이 생활이 시작되었다. 중국어라곤 이얼싼(一二三)도 몰랐던 나는 같은 팀의 조선족 직원 도움 없인 고립된 생활을 할 수밖에 없었다. 장기적인 중국 체류를 위해서는 언어를 습득해야 함을 온몸으로 느낄 수 있었다.

일과 어학 공부를 둘 다 만족스럽게 해내는 게 쉽지 않았다. 일을 중단하고 말부터 배우자는 결정은 어렵게 선택했던 상하이행보다 더 빠르고 과감했다.

"딱 1년만 내게 시간을 주자. 그리고 중국에서 다시 직장 생활에 도전하자."

나는 성격상 한번 정한 목표를 중도 포기하는 경우가 거의 없다. 주변 사람들이 모두 말렸지만 위험한(위험하단 표현은 1년 후 정말 내가 원하는 수준의 중국어 습득이 가능할까 라는 두려움을 표현하기에 딱 좋다) 생활을 시작했다. 그리고 1년의 어학연수 후 한국의 모 회사에 스카우트되어 이번에는 베이징 지사 근무를 하게 되었다.

상하이 한인 회사에서 함께 일했던 조선족 직원은 아직도 날 실장님이라 부르며 깍듯이 대한다. 동갑내기에 이제 웬만큼 가까워졌는데도 우린 서로 존댓말을 쓰며 서로에 대한 예의를 갖춘다. 그는 원래 중의사(한국의 한의사에 해당)였다. IT의 매력에 빠져

엔지(연길)에서 다니던 병원도 그만두고 의사라는 본업도 버렸다. 가족은 엔지에 남겨 둔 채 혼자 상하이에서 IT 관련 일을 해보려고 열심이었다. 나는 그와 함께 근무하는 동안 기획과 디자인을 틈만 나면 가르쳐주었다. 그는 나중에 그 시절을 회상하며 내가 '매정하고 지독하게 가르쳤다'라고 말했다.

나는 그에게 업무를 가르쳐 주면서도 본업인 의사로 돌아가라며 매일 잔소리를 해댔다. 상대가 어렵게 선택한 길을 어쭙잖은 안타까움으로 너무 쉽게 판단했는지 모른다. 그는 여전히 상하이에 살고 있다. 이제는 따로 살던 가족도 상하이에서 함께 산다고 한다.

상하이에서 일을 시작하고 정신없이 지내던 시절, 함께 일했던 직원들은 동료이자 친구였다. 주말엔 그들과 만나 보행자 거리인 난징똥루(南京东路)를 걷고, 100년 이상 된 고건물의 전시장인 와이탄(外滩)*을 걸었다. 걷다 지칠 무렵엔 황푸 강 언저리에 자리 잡고 앉아 강 넘어 똥팡밍주(东方明珠)**를 구경했다.

때론 회사 마당 한쪽에서 해바라기 씨를 까먹기도 했다. 엄밀히 말하면, 그들이 내게 해바라기 씨 까먹는 방법을 알려주곤 했다. 한 중국인 직원은 중국 여러 지역을 여행했던 경험담을 이야기해줘서 흥미롭게 듣곤 했다.

★ 와이탄(外滩)은 황푸 강 주변의 고건물 밀집지역으로 과거 영국의 조게지였던 곳이다. 상하이의 근현대적 도시 형성이 시작되었던 곳이기도 하다.

★★ 똥팡밍주(东方明珠)는 상하이의 방송 타워(라디오&TV)로 정식 명칭은 똥팡밍주광뿌어띠엔스타(东方明珠广播电视塔)이다. 상하이를 대표하는 랜드마크 중 한 곳이다.

PART 4 여행 같은 삶에 대하여 **177**

퇴근 후엔 보통 여행객들이 여행지에서 만난 사람들과 그러는 것처럼, 숙소 근처 국숫집에서 술 한 잔에 국수를 먹으며 회사 직원들과 서로의 이야기를 주고받았다. 운 좋게도 숙소 주변 경치는 좋은 편이었다. 길을 걷다 보면 오른편은 서양식 건물, 왼편은 중국식 아파트와 가게들이 있었다. 한꺼번에 동서양을 모두 만끽할 수 있었다. 늦은 퇴근길에 그 거리를 걷는 것 자체가 나에겐 여행이었다.

　　어학연수를 위해 퇴사 후 시작된 내 상하이 여행(이제부터 생활을 여행이라 표현하겠다)은 여러 블로그에서 흔히 볼 수 있는, 화려한 관광지에서 맛있는 음식을 즐기는 그런 여행과는 거리가 멀었다. 상하이 토박이들과 외지인들이 섞여 사는 중국인 동네에서 악센트가 거친 상하이 특유의 중국어와 씨름하며 그들에게 다가가고 현지인처럼 살아보려는 시도로 가득했다.

회사 숙소를 나와 거처를 마련한 후 구베이(古北)에 위치한 까르푸에서 스탠드 하나를 사 왔다. 중국어도 잘 읽지 못하는 실력으로 겨우 버스를 타고 가서 사 온 물건인데 말썽이었다. 고객센터에 가서 뭐라 말해야 하나? 머릿속이 하얘졌다. 까르푸 고객센터로 가는 길, 어찌나 가슴이 콩닥거리던지……

고객센터에 가서 막무가내로 영어로 말해버렸다. 하늘이 도왔는지 다행스럽게 그녀와는 영어로 의사소통이 되었다. 그렇다 해서 모든 곳에서 영어가 통했던 것은 아니었다. 다행스러움보단 절망과 고통이 대부분이었다. 나 홀로 상하이 여행은 그렇게 진한 경험과 추억을 남기며 서서히 진행되고 있었다.

#02 화장실의 악몽

————————— 청지아치아오(程家桥)에 위치한 허름한 아파트가 첫 번째 거처였다. 다행히 내부 장식이 깔끔한 집을 얻어 여행을 시작하는 데 큰 불편함은 없었다. 그런데 살기 시작한 지 5개월쯤 되었을 무렵 일이 터졌다. 화장실 변기가 갑작스럽게 막히며, 물을 내리면 처음엔 잘 내려가는 듯하다가 나중에는 역류하는 것이었다. 그 사실을 모른 채 물을 내리다 화장실도 모자라 거실 겸 주방이던 공간까지 물이 흘러나왔다. 그 당시 중국 아파트 구조는 화장실 문턱이 없는 경우가 많았다. 그래서 물이 넘치면 온 집안이 물에 잠겼다. 문득 1997년 호주 시드니에 체류할 당시 화장실과의 악연이 떠올랐다. 겨울 방학 동안 시드니로 장기 여행을 떠난 적이 있다.

시드니 스트라스필드에 있는 한인 가정에 몇 달 세 들어 살면서 화장실 악몽을 겪었다. 한 달가량 지났을 무렵 화장실에서 볼일을 보고 나오면 엉덩이 쪽이 가렵고 무언가에 물린 자국이 있었다. 뭐 벌레에 물렸나 보다 하고 가져갔던 연고를 발랐다. 괜찮다 싶으면 며칠 후 또 그런 증상이 있었다.

하루는 화장실에서 볼일을 보면서 변기 주변을 유심히 살피다가 떼 지어 변기와 그 주변 벽을 타고 오르내리는 벌레 떼를 목격했다. 더 유심히 관찰하니 벽을 타고 천장을 들락날락하고 있었다. 분주히 움직이던 그 녀석들을 생각하면 지금도 소름이 돋는다.

주인아주머니께 부리나케 상황을 설명하고 그분은 한인 소독업체를 불러 방역을 맡겼다. 알고 보니 화장실과 가깝게 있던 굴뚝 속에서 새가 죽어 있어 그 새에서 나온 진드기라 해야 할까, 벌레들이 화장실을 오갔던 것이다. 5~6명 정도 살던 그곳에서 다른 사람들은 별 탈 없었는데 유독 도톰하지도 않던 내 엉덩이만을 공격했던 녀석들이 지금도 이해가 되질 않는다. 내 희생 덕분에 다른 사람들은 무탈하게 소독 후 쾌적한 공간에서 안심하고 볼일을 보게 되었다.

상하이 화장실 사건은 1년 계약 기간을 끝낼 때까지 해결되지 않았다. 첫 고장이 접수된 후 아파트 관리를 맡은 직원들이 집을 방문하는 데만 일주일 이상 걸렸다. 주인아주머니는 내가 외국인이고 그 상황을 잘 설명해서 그나마 빨리 방문해준 거라 너스레를 떨었다. 문제는 임시로 해결되었으나 수리하러 왔던 아저씨는 변기를 뜯어내고 대공사를 해야만 해결될 거란 말을 남기고 떠났다.

그 후로도 화장실을 사용할 때마다 물이 역류할까 공포에 떨었고 막힘 현상은 가끔 계속되었다. 주인은 그런 사정이 심각하다고 생각하지 않았는지 아니면 수리비를 아끼고자 했는지, 내 고충에 대해선 해결해줄 기미가 없었다. 적당한 월세로 침실 하나와 창고 하나, 그리고 거실 겸 주방으로 짜임새 있는 구조였지만 해결되지 않는 심각한 문제로 나는 이사할 집을 알아볼 수밖에 없었다.

#03 중국 어와의 사투, 그리고 그때 그 간식거리

—————————————— 상하이 여행 시절, 내가 가장 좋아했던 간식거리는 쑤안라탕(酸辣汤)이었다. 중국어를 공부하다 보면 종종 출출해졌다. 그때마다 집 앞 골목길 초입에 있던 쑤안라탕 가게로 달려가 이것저것 먹을거리를 선택해 한 그릇을 포장해 왔었다. 야채와 소시지 등 한 바구니 듬뿍 담아도 5위엔(한화로 650원)이 채 안 되었던 것으로 기억한다. 요즘에는 그때 골랐던 만큼 먹을거리를 고르면 10~15위엔(元)(한화로 1,850 ~ 2,775원)은 족히 된다. 중국도 그만큼 물가가 오른 것이다.

쑤안라탕은 중국 한족(汉族)의 간식거리 중 하나로 사천 음식으로 분류된다. 쑤안라탕 만드는 방법은 중국 여행하면서 흔히 볼 수 있는 마라탕(麻辣烫) 가게의 마라탕 만드는 방법과 비슷하다. 단지 국물의 맛이 조금 다를 뿐이다. 마라탕은 여러 재료를 넣어 팔팔 끓인 국물에 샤부샤부 먹듯 고른 재료들을 데쳐내어 먹는 음식이다. 갓 데쳐 나온 뜨끈뜨끈한 쑤안라탕을 먹으면 시고(쑤안. 酸) 매운(라. 辣) 싸한 맛에 정신이 번쩍 깨어난다.

중국으로 떠나기 전 내가 알고 있던 중국어는 홍콩영화에서나 들었던 캔토니스(광둥화, 广东话)였다. 상하이 여행을 시작하면서 중국어는 크게 만다린(푸통화, 普通话)과 캔토니스로 나뉜다는 걸 알았다. 그 정도로 준비 없이 떠난 여행이었다.

중국어 공부를 본격적으로 시작하면서 매일 아침 일어나면 일단 4성을 연습했다. 그리고 저녁엔 가정교사와 함께 공부했다. 운 좋게 첫 가정교사는 한국어학과를 갓 졸업한 한족 학생이었다. 그녀와 공부했던 기간이 그리 길진 못했지만 그녀는 수업 때마다 발음을 불러주고 나에게 핀인(병음)을 받아 적게 시켰다. 이 얼싼도 모르고 시작했던 나는 그 시간이 얼마나 고통스러웠던지⋯⋯.

나이를 잊은 채 열 살 정도 차이 나던 그녀에게 어린아이처럼 힘들다고 넋두리라도 할라치면 그녀는 "이것도 못해낼 거면 중국어 공부 하지 마세요"라는 또렷한 한국어로 면박을 주었다. 그녀는 지금 상하이의 한국 패션 회사에 10년 넘게 장기근속 중이다. 가끔 메신저로 안부를 물으며 인연이 이어져 가고 있다. 발음 연습을 하던 그땐 정말 매일 울고 싶었고 뭐라도 부수고 싶을 정도로 스트레스를 많이 받았다. 이미 굳을 대로 굳어버린 혀가 자유롭게 움직이지 않는 상태로 표준 발음을 익히려니 여간 어려운 게 아니었다.

주변에서는 뭐 그렇게 발음에 집착하느냐며 그냥저냥 의사소통하는 선에서 쉽게 공부하라는 말을 자주 했다. 대학 부설 어학원이라는 공간은 같았지만 서로 중국어 공부하는 목표가 달랐기에 내겐 그 말들이 잡음으로 들렸고 더더욱 그들과 교류하지 않게 되었다. 그때 외롭고 힘들었지만 은둔형 외톨이처럼 지내면서도 중국어 회화를 어느 정도 다져놨기에 10년이 훌쩍 지나버린 지금도 중국인들과 마음을 나누는 대화를 이어갈 수 있다. 지금은 그 시절의 내가 대견하고 또 감사하다. 언제든지 의사소통의 두려움 없이 중국 여행을 떠날 수 있어서 그것 또한 행복하다.

#04 나의 여행은 여전히 진행 중

———————————————— 생활 체험형 여행을 하면 어느 나라에나 있는 장단점을 골고루 만나게 되며 개방적으로 생각해야 한다. 황희 정승처럼 이래도 옳고 저래도 옳다는 생각만이 여행을 즐겁게 해준다. 그들과 어울리기 위해서는 선입견을 가지면

안 된다. 겪어 보기 전부터 그곳은 그럴 거야 단정 짓고 스스로 불쾌함을 안고 떠나지 말아야 한다.

우린 잘 알고 있다. 상대방의 태도가 진심인지 아닌지. 그래서 여행할 땐 절대적으로 상대에 대한 존중과 예의가 먼저이다. 말이 안 통한다 해서, 우리보다 못 사는 나라를 여행한다 해서 거만해지거나 거들먹거려선 안 된다. 상대는 내 눈빛의 의도를 금방 눈치채기 마련이다. 거짓으로 상대와 친한 척해서도 안 된다.

상하이행을 결정한 나에게, 주변 사람들은 모두 부정적인 말을 했다. 마치 그들이 상하이에 오래 살아 본 것처럼 말이다. 상하이 생활을 하면서 그들의 말이 일부는 맞고 일부는 틀렸다는 것을 알게 되었다.

상하이 사람들의 말투와 행동, 그리고 마음 씀씀이는 중국의 다른 도시처럼 마냥 정감이 가진 않는다. 그들의 성향이 어떻다는 것을 알면서도, 가끔은 속에서 욱하는 감정이 치밀어 오를 때도 잦았다. 그럴 때마다 앞서 말한 생각을 되뇌며 그들을 이해하려 했고 지금도 그렇게 노력하고 있다. 재미있는 사실은 상하이 사람들에 대한 타 지역 중국인들의 생각이 나와 비슷하다는 것이다.

나는 오늘도 중국 도시들에 대한 기대를 품고 그곳을 체험하기 위한 준비를 끊임없이 하고 있다. 나의 여행은 여전히 진행 중이다.

PART 5

여행의 또 다른 이름, 추억

이장호

미국에서 일한다는 것

꿈의 나라 미국 캘리포니아

그 시간은 내 인생 최고의 영광이었고 내 일생 최고의 순간이었으며 한편으로 내 인생 최고의 낭비이기도 했다.

— 김동영, 〈너도 떠나보면 나를 알게 될 거야〉 중에서

──────────────────── 서른 살의 제주도 여행. 그 후 제주도 여행에서의 외국인과의 교류가 너무 기억에 많이 남았다. 영어에 대해 새롭게 매력도 느끼게 되었다. 내가 일본어에 영어까지 잘한다면 정말 괜찮겠다는 생각도 들었다. 일본에서 일한 경험이 있었으니 이번에는 미국에 도전해 보자는 결심을 자연스럽게 하게 되었다.

미국에서 합법적으로 일할 수 있는 비자를 검색했고 미국은 일본처럼 워킹홀리데이 비자는 없었지만 'J-1 인턴 비자'가 있었다. 1년 내지는 1년 6개월 동안 미국의 회사에 근무할 수 있는 비자였다. 일본 체류 시에도 비자를 담당해주었던 워킹홀리데이 협회의 도움을 받아 미국 비자를 신청하기로 했다. 영어로 이력서 쓰는 방법부터 면접 보는 방법까지 모르는 게 너무 많았지만 담당자의 도움으로 차근차근 면접 준비까지 할 수가 있었다. 다행히 일본어를 잘한다는 점 때문에 한국계 기업뿐 아니라 일본계 기업에도 지원할 수가 있었다. 영어 실력이 썩 좋지 않아 걱정이 많았지만 일단 부딪혀 보자는 마음이었다.

먼저, 스카이프를 이용한 화상 면접을 봤는데 일본계 회사 면접을 세 번 정도 보고 세 번째에 드디어 합격했다. 내 면접을 담당했던 현지 회사 사람은 비서 업무를 하는 50대 미국 여성이었는데 나의 억지스러운 영어를 다행히 좋게 봐주었다. 만나면 꼭 고맙다고 인사를 하고 싶었다. 회사 면접 다음은 미국 대사관 면접인데 회사 면접에 통과해도 대사관 면접에서 떨어지면 미국에 갈 수가 없다. 조금 안일하게 생각했다. 대충 예상 질문을 외우고 질문에 맞춰 대답만 잘하면 될 거라고 간단하게 생각했다. 친구들에게는 곧 캘리포니아로 떠난다며 자랑을 실컷 해놓았다. 이미 마음은 미국이었다.

기다리고 기다리던 인터뷰 날이 왔다. 광화문역에 내려 아메리카노 한잔을 마시며 긴장을 풀고 대사관 앞에 줄을 섰다. 차례대로 소지품 검사를 마치고 2층으로 올라가니 사람들이 대기하고 있었다. 면접 후에 초록색 리젝 종이를 받으면 면접에서 떨어지는 것이었다. 내 앞에서 10명 중 3명은 리젝 종이를 들고 나가는 것을 보고 불안한 마음이 들기 시작했다. 제대로 못 하면 나도 떨어질 수도 있겠다는 생각이 들었다. 아! 이럴 줄 알았으면 좀 더 준비해서 올 것을! 마치 시험 준비를 제대로 못 한 수험생과 같은 기분이었다.

초조한 마음으로 계속 기다리는데 내 앞자리에 똑같이 인턴십으로 인터뷰를 보러 온 20대 젊은 남자와 여자가 서로 미국 어디로 가느냐고 물어보더니 제법 가까운 곳인지 미국 가면 꼭 다시 만나자고 전화번호 교환을 한다. 곧 그 두 사람이 인터뷰를 하는데 여자에게는 한국말을 섞어가면서 질문을 하고 남자에게는 일본에서 산 경험이 있냐고 물어보고는 일본어로 질문을 했다. 두 명 다 합격이었다. 곧 내 차례가 다가왔고 어쩌면 나도 한국어나 일본어로 물어볼지도 모른다는 기대감에 조금은 마음이 편해졌다. 내 인터뷰 담당은 일본어를 할 줄 아는 백인 영사관이 아니라 인도계 영사관이었다. 긴장은 했지만 그래도 인사는 제대로 해야겠다는 마음으로 "How are you?"라고 하자 눈도 안 쳐다보고 대충 "I'm fine." 이라는 대답이 돌아왔다. 그러고 나서 질문이 지겹다는 말투로 "Why want you go to in US?"라고 물었다. 처음부터 긴장했다. 어, 이건 처음 듣는 문장인데? 다시 묻기 위해 "Pardon sir?"이라고 하자 "That's OK. What are you doing there?" 아! 이건 내가 알아 "Go for work!"라고 대답하자 몇 가지 질문들을 계속했고 난 계속 단답형으로 대답했다.

불안한 예감은 항상 빗나가지 않는다. 설마 하던 일이 현실로 일어났다. 초록색 리젝 종이를 받았다. 머릿속이 하얘졌다. 아! 준비 기간 5개월 동안 주위 친구들에게 미국에 간다고 다 자랑해났는데 이거 어쩌지! 순간 머릿속이 복잡해졌고 인터뷰에서 떨어졌다는 상실감에 마치 세상을 잃은 듯한 느낌마저 들었다. 집에 어떻게 돌아왔는지 기억도 안 난다.

집에 돌아오자마자 대사관 면접에 대해 검색했다. 자주 눈에 띄는 글은 한번 리젝(거절)을 당하면 다시 붙기는 하늘의 별 따기 라는 글! 그럼 난 이제 영영 미국에 갈 수 없는 것인가 하는 좌절 감에 눈물이 났다. 하지만 리젝을 받아도 다시 100% 비자를 받을 수 있다는 글도 있었다. 다음날 비자 진행을 도와주는 변호사를 찾아갔다. 내 이야기를 유심히 듣더니 "정말 어려운 케이스지만 아주 불가능한 건 아닙니다. 저희를 믿고 진행해 주시면 100% 합격이 될 수 있고요. 진행비는 선불로 150만 원, 합격하시면 150만 원 하서서 300만 원이 되겠습니다." 비용이 300만 원이라는 말에 선뜻 한다고 말을 못 하고 "조금만 더 고민해보고 연락 드리겠습니다."라고 말하고 밖으로 나왔다.

첫 비자를 진행해주었던 워킹홀리데이 협회에 전화해서 "저 이대로 포기해야 할까요?" 나약한 마음으로 물었다. 그러자 "우리 다시 한 번 힘내봐요! 제가 도와드릴게요."라는 대답을 들었다. 잃을 것도 없다는 생각에 다시 한 번 도전하기로 했다. 나중에 후회가 없도록 그때부터 영어 잘하는 동생들한테 연락해서 계속 영어공부를 했다. 2주 동안 미친 듯이 영어공부를 하고 다시 대사관을 찾았다. 드디어 다가온 내 순번. 이번에는 상냥해 보이는 동양계 40대 여성이었다. 지난번 인도계 남자보다는 훨씬 편했다. 미소를 지으며 "How are you doing mam?" "I'm pretty good." 밝은 인사가 돌아왔다. 시작이 좋았다. 그리고 진행된 질문.

"어디로 가나요?"

"미국 캘리포니아 가다나 지역에 일하러 갑니다. 제가 가서 할 담당 업무는 영업 마케팅 업무이며 제가 가진 일본어 능력과 영어 능력을 함께 발휘할 수 있는 업무입니다. 그래서 경력을 쌓고 한국에 돌아오면 경력을 살려 취업을 할 예정입니다."

"좋네요!"

이때부터 갈 수 있다는 희망이 조금씩 보였다. 처음에 안 막히고 영어로 잘 말하자 나중에는 한국말과 섞어서 대화했고 드디어 합격 통지서가 전달되었다. 담당 영사에게 너무 고마웠다. "당신은 내 인생을 바꾸어 주었어요. 이 은혜 꼭 잊지 않겠습니다."

밖으로 나와 시원한 공기를 마셨다. 너무 흥분되어서 미칠 것 같았다. 광화문 거리를 점프하면서 뛰어다녔다. 와! 드디어 미국에 갈 수 있게 되었다!

그 이후 순조롭게 모든 준비를 마치고 미국 LA행 비행기에 몸을 실었다. 일본 가는 비행기만 타다가 미국 가는 비행기를 타니 기분도 남달랐다. 하지만 저렴하게 가기 위해 중국을 한번 경유, 베이징에서 다시 LA 공항으로 가는 비행기로 갈아타야 했다.

베이징에서 LA행 비행기로 갈아타고 나서는 피곤함보다는 앞으로 어떤 일이 벌어질까 하는 기대감에 잠을 이룰 수 없었다. 마침 내가 미국 갈 때쯤에 방영된 한국 TV 드라마 '상속자들'의 로케이션 장소가 캘리포니아였다. 내가 바로 그곳으로 가고 있다는 생각에 너무 설레였다. 그리고 드디어 LA 공항에 도착했다.

#02 캘리포니아 라이프

──────────────── 한국에서 미리 계약한 홈스테이 호스트 부부가 마중 나와 주었다. 40대 부부는 편하게 형, 누나라고 부르라고 했다. 토랜스(Torrance) 지역에 있는 집에 도착하자 형님네 딸 두 명이 반겨주었다. 한 명은 초등학생이고 한 명은 고등학생이었다. 둘 다 부끄럼도 많고 말 수도 적어 친해지기엔 시간이 오래 걸릴 듯했다. 형님은 미국에서 한의사로 일하고 있는데 술도 좋아하고 담배도 좋아해서서 친하게 이야기할 시간이 많아 좋았다. 누나는 집안 살림을 도맡고 내 직장 근처 가데나에 있는 한국 비디오 가게에서 아르바이트도 했다.

그렇게 미국생활이 시작되었다. 한국과의 시차 때문에 첫날에는 잠도 잘 안 왔다. 낮에는 멍하다가 밤에는 정신이 맑아졌다. 아침 일찍 일어나 주변을 산책했다. 단독 주택에 잔디밭으로 된 마당에는 10월부터 크리스마스 장식들이 꾸며져 있었고 마치 미국영화에서나 볼듯한 풍경들이 내 눈앞에 있었다.

거리를 지나가는 사람마다 "Good morning!" 인사를 하고 지나간다. 한국에서는 느낄 수 없었던 친근감의 표현. 앞으로의 미국 생활이 점점 기대되기 시작했다. 집 근처에는 잔디밭으로 된 공원이 있어 운동하기에 좋았다. 매일 아침 조깅을 했다. 한국에서 하지 않았던 일들을 시작하며 미국에 오고 나서 심하게 성실한 생활로 바뀌었다.

회사에서는 내가 미국에 도착해서 처음 출근하기 전에 준비하는 시간을 줬다. 일주일 동안은 중고차를 사고 면허를 따는 데 시간을 보내고 드디어 첫 출근 날이 되었다. 내가 다닌 회사는 'USJA CLEAN'라는 일본계 회사로 멕시코, 콜롬비아, 브라질 그리고 일본, 한국, 중국 등 다양한 국적의 사람들이 모여서 함께 일을 했다. 특히 한국에서 온 나보다 어린 재중이라는 친구가 내 일을 많이 도와줬다. 내 업무는 차에 마사지 의자를 싣고 세차장이나 세탁소를 돌아다니면서 전동마사지 의자를 고쳐주거나 전동마사지 의자를 무료로 설치하는 일이었다. 세탁기를 돌리면서 기다리거나 세차가 끝나기를 기다리는 고객이 전동 마사지 의자의 고객이었다. 1달러를 마사지 기계에 넣으면 3분 정도 마사지를 받을 수 있다. 이렇게 얻은 수익은 가게와 50:50으로 나누자고 제안하는 것이다. 처음엔 선배들을 쫓아다니며 일을 배웠다. 수금한 돈을 세고 마사지 상품들을 진열하고 마사지 의자가 이상이 없는지 테스트하고 청소도 해준다.

그리고 일이 어느 정도 익숙해질 때쯤에는 혼자 다녔다. 캘리포니아 전역을 마사지 의자를 싣고 다녔다. 일하면서 캘리포니아 이곳저곳을 구석까지 돌아다닐 수 있어서 나에겐 정말 행운이었다. 어느 날에는 드라마 '상속자들' 촬영지인 '헌팅턴비치'를 구경할 수가 있었고 또 어느 날에는 사막을 달리면서 큰 밸리(계곡)를 볼 수도 있었다. 또 큰 쇼핑몰 MACY에서 잠깐씩 쇼핑을 하면서 휴식을 취할 수도 있었다. 매일 다른 지역의 거래처들을 돌아다니며 항상 새로운 사람을 만났다.

세차장 사장 중에는 원 거주 미국인이 아닌 이민자들이 많았다. 가끔 한국인 사장을 만나면 같은 한국사람이라고 빵과 음료수를 주기도 했다. 멕시코인 사장도 있었는데 가끔 인상이 험한 사람도 있었지만 이야기를 해 보면 무척 친절해서 콜라 한잔을 내주기도 했다. 그렇게 나는 할리우드(Hollywood), 롱비치(Long beach), 패서디나(Pasadena), 포모나(Pomona), 멀리 갈 때는 샌프란시스코 산호세, 라스베이거스 등의 지역을 구경 다닐 수가 있었다. 하루하루가 일이고 또한 여행이었다. 이런 일을 할 수 있게 된 것이 즐겁기만 했다.

월급이 적어서 팁까지 지급하면서 레스토랑이나 일반 식당에서 점심을 사 먹을 돈은 없었다. 그래서 주로 식사는 맥도날드에서 세트 버거를 시켜 먹었다. 지금도 가장 자신 있는 영어는 맥도날드에서 주문하기라고 농담을 하곤 한다.

차 안에서 혼자 햄버거를 꾸역꾸역 먹는 내 모습이 정말 안쓰럽다고 생각한 적도 있었다. 하지만 일본에서는 일본말을 쓰면서 미국에서는 영어를 쓰며 일을 하는 내 모습에 스스로 참 대견하기도 했다. 10년 전만 해도 내가 일본에서 일하고 미국에서 일한다는 건 상상도 못 했는데 말이다. 현실이라고 믿기지 않을 정도로 하루하루가 너무 즐거웠다. 업무는 오전 8시부터 오후 6시까지였다. 항상 정시에 퇴근하고 저녁에는 랭귀지 스쿨에 다녔다.

랭귀지 스쿨이 좋았던 이유는 영어를 배우는 것도 있지만 여러 국적의 친구들과 교류도 할 수 있었기 때문이다. 특히 우리 클래스에는 브라질, 포르투갈 출신 친구들이 많았는데 나의 적극적이고 뻔뻔한 성격 덕에 모두와 쉽게 친해질 수 있었다.

주말에도 쉬지 않고 계속해서 할 일을 만들기 위해 한국에서는 전혀 가지 않았던 교회를 다녔다. 교회에 가면 모두가 호의적이라 못하는 영어도 잘 받아주기 때문이다. 우선 한국인들이 없는 토랜스 지역에 있는 작은 교회를 랭귀지 스쿨 선생님의 소개로 다니게 되었다. 목사님의 이름은 조셉, 아내분은 씨씨라는 이름인데 내가 나중에 미국인 아빠 엄마라고 부를 정도로 잘 챙겨 주셨다. 한국으로 떠날 때는 다시 놀러 올 때 지낼 곳이 없으면 언제든 우리 집에 머물러도 되니 꼭 오라고 한 말이 너무나도 고마웠다. 내가 다닌 토랜스 교회에서는 다들 집에서 맛있는 음식을 가지고 와서 나눠 먹고 성경공부도 같이하고 영어공부, 기타 연주도 했다. 마치 또 하나의 학교처럼 느껴졌다. 지금은 교회를 다니진 않지만 미국에서 교회를 다닌 것은 정말 나에겐 행운 같은 일이었다. 교회를 안 나가는 날에는 멀리 여행도 다녔다. 캘리포니아 지역은 고속도로 이용 요금이 따로 없어서 기름값만 있으면 어디든 갈 수 있었다.

#03 나의 라스베이거스

────────────────── 미국에서 가 본 장소 중에 가장 좋아하는 곳을 꼽으라면 단연 라스베이거스이다. 만약 천국이 있다면 라스베이거스가 아닐까라는 생각이 든다. 거리에서 다 같이 춤을 춘다거나 여기저기서 멋진 공연이 펼쳐져서 꼭 돈을 쓰지 않아도 즐길 수 있는 문화가 많다.

실외에서 술 마시는 것을 엄격하게 금지하는 미국이지만 라스베이거스에서만큼은 자유다. 길거리에서 생맥주를 사서 걸어 다니면서 술을 마시고 호텔 로비나 어디에서든 담배를 피울 수가 있다. 그렇게 본인의 자유를 만끽할 수 있는 곳이다. 일본에서 파칭코를 다녀봤던 경력으로 슬롯 게임을 몇 번 즐기기도 했다. 술은 팁만 1불 정도 내면 계속 무료로 마실 수가 있었다. 1년 가까운 미국생활을 접을 때 마지막으로 택한 여행장소가 라스베이거스이다.

토랜스에서 차로 4시간을 달려 라스베이거스에 도착했다. 도착하자마자 호텔을 찾았다. 라스베이거스는 뉴타운과 올드타운으로 나누어지는데 '뉴타운'은 쇼핑과 쇼를 즐기는 데 적합했고 '올드타운'은 게임과 술을 즐기는데 최적화되어 있는 장소였다.

올드타운 중심가에서 5분 떨어져 있는 '엘 코르테즈 호텔'을 숙소로 잡았다. 1박에 35불, 한화로 약 35,000원 정도지만 객실이 무척 넓었다. 한국 호텔의 스위트 룸 급의 넓이였다. 더 좋은 건 라스베이거스는 물가가 정말 저렴하다. 뷔페도 20불 정도만 내면 여러 나라의 맛있는 음식, 양식, 일식 , 중식, 한식 등을 마음껏 먹을 수가 있었다. 그리고 주차비가 무료라는 점도 정말 매력적

이다. 그렇게 호텔에 짐을 풀고 올드타운 거리로 나섰다. 만화 캐릭터 분장을 하고서 같이 사진을 찍어주고 팁으로 돈을 받는 사람들도 있었고 큰 무대에서는 쇼를 하고 있었다.

그렇게 구경을 하고 게임을 하기로 했다. 도박 룰은 전혀 모르기에 하기 쉬운 게임을 찾았고 평소 좋아했던 아메리칸 아이돌 게임이 눈에 띄었다. 5인이 함께 하는 게임으로 오디션에 합격하는 사람과 떨어지는 사람을 찾으면 보너스를 준다. 한번 베팅하는 금액은 정할 수가 있었다. 처음에는 재미로 시작했기에 1달러부터 시작을 했는데 50달러 정도 잃다가 너무 재미있어서 흠뻑 빠지고 말았다. 결국에는 나중 생각을 안 하고 계속 배팅했다.

그래, 200달러까지만 쓰자! 돈이 다 떨어져서 20달러가 남았을 때쯤 갑자기 웅장한 사운드가 들리더니 돈이 계속 올라갔다. 주변에서 많은 사람들이 하이파이브를 하고 뒤에 구경꾼들이 몰렸다. 진짜 게임은 그때부터 시작이었다. 베팅에 베팅을 거듭하고 베팅할 때마다 계속 돈이 쌓여 갔다. 돈이 쌓이는 것도 좋았지만 많은 사람한테 주목받는 기분이 너무 좋았다. 마치 할리우드 영화에 나오는 주인공이 된 기분이랄까? 그렇게 난 하루에 2,000불(약 200만 원) 정도를 이 게임을 통해 땄고 옆에 있던 사람들은 베팅 금액이 커서 5,000불 정도를 땄다. 5,000불 정도 딴 옆에 앉아 있던 할머니가 "땡큐, 썬!"이라고 하면서 내 볼에 입을 맞추고 20불을 팁으로 쥐어 주고 가셨다. 대사관 인터뷰 떨어졌을 때를 생각하면 세상이 나를 버린 것 같았는데 이날 만큼은 내가 마치 세상의 주인공처럼 느껴졌다. 부자가 된 느낌이었다. 딴 돈 덕분에 여행 일정이 2박에서 6박으로 늘어났다. 평소에 팁을 내기 싫어서 영수증에 1불만 끼어 놓고 도망치듯 나오곤 했는데 이날만큼은 술 한 잔 시키면서 팁을 10불 정도 냈다. 그렇게 딴 돈을 도박으로 쓰지 않고 바로 그랜드 캐니언으로 떠났다.

정말 신비롭고 가보고 싶었던 그곳! 거리는 118마일, 약 3시간 정도 거리였다.

드디어 도착한 그랜드 캐니언. 관광안내소에서 가장 멋지게 감상할 수 있는 뷰 포인트를 안내받아 조금 걸어가자 믿을 수 없는 광활한 대지가 눈앞에 펼쳐졌다.

세상에 이런 곳도 있었다니, 얼마나 작은 세상에 갇혀 살았는가. 나는 얼마나 작은 존재인지 깨닫게 해주는 대자연의 신비 그 자체였다. 사진을 계속 찍으며 내 두 눈에도 그 멋진 자연의 신비를 잘 저장해두었다. 이렇게 멋진 광경을 접하니 태어나길 정말 잘했다는 생각과 함께 부모님 생각이 났다. 같이 봤으면 좋았을 것을. 전화를 걸었다.

평소에 무뚝뚝한 아들이지만 왠지 이날만큼은 꼭 전해야겠다는 마음으로 태어나서 처음으로 "태어나게 해주셔서 고맙습니다"라는 말을 부모님께 전했다.

#04 이별, 그리고 새로운 시작

——————————————— 1년여의 인턴 기간이 끝나고 함께 고생했던 동료들과 작별인사를 해야 하는 순간이 왔다.

나를 욘사마*라고 불러주던 사장님, 일본인 비서 미나상, 파티가 있으면 항상 같이 갔던 대만인 마이클, 마사지 의자가 고장 나면 이렇게 고치면 된다고 자상하게 알려주던 첸, 매일 일본어로 싸웠지만 싸운 만큼 크게 정도 든 일본인 히로미.

다 같이 이별을 아쉬워하며 단체 사진도 찍고 회사 사람들과 작별 인사를 나눴다. 이때 사장님은 "준은 언제든 다시 와서 일해. 넌 믿을만한 친구니까 언제든 다시 받아 줄게!"라고 말했다.

일할 기회를 준 것도 감사한데 또 오라고 하시는 사장님의 따뜻한 말 한마디는 내게 큰 이별 선물이었다.

마사지 의자에 손님들이 넣은 돈은 직원들이 직접 수금하러 다닌다. 그래서 돈 관리는 무척 중요했다. 마사지 의자에 찍힌 금액과 실제 수금된 금액이 맞지않을 때는 직원이 본인 돈으로 메꾸어야 하는 시스템이었다. 한번은 100불 정도 기계에 카운트된 금액과 실제 금액이 차이가 났다. 바로 사진을 찍고 회사에 전화로 보고했지만 혼자 다니니 증명도 어렵고 입장이 애매해졌다. 사장님께 오해받을 수도 있는 상황이었다. 하지만 일본어로 "100불은 제가 제 월급에서 내겠습니다. 그 이유는 제가 돈을 훔쳐서가 아니라 100불보다 더 큰 신용을 잃고 싶지 않거든요."라

★ 욘사마(ようん[勇]さま)는 배우 배용준의 이름 중 '용'을 따서 그를 높여 부르는 말이다.

고 내 의견을 전달했다. 이야기를 들은 사장님은 "반인 50불은 내가 내겠네."라고 말씀하셨다. 삭막할 거 같았던 미국생활에서도 정은 살아있었다.

친구들과 작별파티도 했다. 가장 친한 일본 친구 가오리와 신스케와도 작별 인사를 나누었다. 처음 학원에서 만났을 때는 둘이서 일본말로 "저 큰 한국 놈 때문에 칠판이 잘 안 보여! 왜 저렇게 나대!"라며 나를 험담하기도 했다. 우선은 일본어를 모르는 척하고 있었다. 언젠간 오사카 사투리로 깜짝 놀라게 해줘야지. 한 달 후 어느 파티에서 "나니노무?(뭐 마실래?)"라고 일본어로 말을 걸자 설마 일본어 할 줄 알겠어라는 의심의 눈초리로 쳐다보다가 "나 사실 일본어 잘해."라고 말하자 "그럼 우리가 일본어로 이야기하는 거 다 알아들었겠네?" "응, 물론이지 너희가 내 욕하는 것도 다 듣고 있었는걸."

그 후 일본어와 영어를 섞어가며 대화하고 셋이 있을 때는 일본어로 대화했다. 셋이서 성격이 너무 잘 맞아서 자주 함께 놀러 다녔다. 서핑도 함께 즐기고 파티도 하고 친하게 지내며 많은 추억을 함께 만들었다. 어느덧 마지막 작별파티도 끝나고 한국에 돌아가기 하루 전, 나보다 2살 어린 신스케가 형인데 자꾸 반말해서 미안하다는 말을 한다. "무슨 소리야, 우린 친군데." "아냐 그래도 나보다 나이가 많은데." 아무리 미국에서 만났다지만 동양의 나이 문화는 신경 쓰였나 보다. 그렇게 절대 울지 않을 거 같았던 신스케도 결국 눈물을 흘렸고 나는 꼭 안아주며 라스베이거스에서 산 차 키홀더를 떼어서 신스케에게 선물로 주었다. 그 마음이 너무 고마웠다. 첫 만남은 조금 어색했지만 미국에 있으면서 평생 잊지 못할 우정을 쌓았다.

　많은 곳을 돌아보고 파티를 즐긴 탓에 한국에 올 때는 고작 50불밖에 남아 있지 않았다. 지금 손에 쥔 50불보다는 보이지 않는 5만 불 이상의 경험을 하고 왔으리라 믿는다. 한국으로 돌아오고 나선 좀 더 자유로워진 영혼 때문인지 남들이 원하는 직장에는 관심이 가지 않았다. 그래서 창업을 결심했다. 지금은 내가 가장 자신있는 일본에서의 료칸 근무 경력을 살려 일본 온천 여행을 소개하는 회사를 설립하여 운영하고 있다.

　언젠간 또 미국에서 일하며 쌓았던 경험도 살려서 일할 수 있는 날이 오리라 생각한다. 제주도 여행과 미국에서의 직장 경험은 내 인생의 방향을 정하는데 큰 용기와 영감을 주었다. 33살이 된 지금, 난 아직도 여행을 갈망하며 또 다른 인생의 큰 도전을 준비하고 있다.

윤현명

유즈스카 산책

일본, 바닷가의 추억

다만 여행과 글을 즐기고, 생각하고, 표현하면 즐겁지 아니한가? 그렇게
작은 구슬들을 모아 예쁜 목걸이를 만들면서 언젠가 사람들에게 사랑받
는 시간을 꿈꾸는 것. 그건 그리 어렵지 않다.

— 이지상, 〈여행작가 수업〉 중에서

#01

──────────────────────── 어릴 적 신기하고 이상한 꿈을 꾼 적이 있다.

꿈속에서 나는 놀이터 시설이 있는 풀장에 있었다. 어두운 밤이었고 주위에는 물가에 설치된 미끄럼틀과 동물 모양의 상이 있을 뿐 나 외에 아무도 없었다. 혼자라는 두려움도 없이 나는 마냥 좋아하며 물놀이를 즐겼다. 아무도 없는 곳에서 마음껏 헤엄치고 미끄럼틀과 동물 모양의 상을 오가며 실컷 놀았다. 조명의 불빛으로 은은하게 빛나는 풍경을 둘러보며 묘하고 신기한 기분이 들었다. 조명 바깥은 깜깜해서 사방이 검은 바다처럼 보였다. 꿈에서만 경험했을 뿐 현실에서는 볼 수 없었던 장소, 그리고 느낌.

그때의 기억은 캄캄한 밤, 물, 미끄럼틀과 동물 모양의 상, 어둠속의 빛의 이미지로 남아있다.

#02

──────────────────────── 오늘은 모처럼 친구들과 요코스카(横須賀)에 놀러 가는 날이다. 도쿄에서 요코스카는 제법 멀다. 구니타치(国立)의 우리 집에서 전철 타는 시간만 2시간 정도 걸린다. 하지만 그곳에 주연이가 살고 있기에 우리가 요코스카에 가기로 한 것이다.

게다가 주연이가 "응, 놀러 와. 근처에 일본 해상자위대랑 미 해군기지 구경하는 크루즈도 있어."라고 말했기에 신이 나서 무조건 가겠다고 했다. 밀리터리를 좋아하는 사람으로서 해상자위대와 미 해군기지를 꼭 보고 싶었다.

그렇게 주연이가 사는 기타쿠리하마(北久里浜)역에 나, 주연이, 다나카, 혜영이, 이렇게 네 명이 모였다. 다들 모처럼의 나들이인 듯했다. 그럴 만도 한 것이 대학원생인 나와 혜영이는 평소에 각각 방과 실험실에 처박혀 있었고(나는 문과라서 집 또는 도서관에서 공부하고, 혜영이는 이과라서 주로 실험실에서 지낸다), 직장인인 주연이와 다나카는 일에 짓눌려 있었다.

먼저 요코스카역으로 가서 크루즈를 탔다. 요코스카는 해상 자위대의 네 개 군항 중 하나이며, 미 해군기지까지 있어 전략적으로 아주 중요한 곳이다. 그래서 미국과 일본의 최신 함정이 다수 배치되어있다. 그곳의 함정을 보는 것도 좋았고, 모처럼 배를 타고 상쾌한 바람을 맞는 것도 좋았다. 혜영이는 연신 셔터를 눌

러대며 사진을 찍었다. 시원한 바람을 맞으며 우린 활짝 웃었다. 크루즈가 출발하고 함정의 모습이 하나둘 보였다. 방송으로 해설이 흘러나왔다.

"아쉽게도 오늘은 항공모함 조지 워싱턴의 모습이 보이지 않는군요."

"요코스카에는 전 세계 이지스(AEGIS)함의 10%인 10여 척이 주둔하고 있습니다. 자! 저길 보십시오. 일본과 미국의 이지스함이 나란히 보입니다. 둘이 비교되는군요."

항모(항공모함의 준말)가 없는 것은 아쉽지만 그래도 좋았다. 들떠서 옆에 있던 주연이에게 말했다. "와, 여기에 이지스함이 열 척이나 있구나. 하긴 여긴 미국 태평양 함대의 주요 거점이니 말이야."

"이지스함이 그렇게 대단해? 그게 뭔데?"

"'이지스'는 '방패'란 뜻이야. 이름에 걸맞게 이지스함은 함대방공망을 책임지는 역할을 하지. 쉽게 말해서 적의 함대가 수십 발의 미사일을 발사했을 때 이지스함은 다른 함정보다 월등한 능력으로 적의 미사일을 공중에서 요격해. 또한 적의 미사일을 효율적으로 요격하도록 함대를 지휘하기도 해."

"그렇구나."

"그렇게 상대의 미사일 공격으로부터 아군 함대를 보호하는 역할을 하는 거야. 그렇게 상대의 공격을 막아낸 다음, 상대를 향해 함대 전체가 수십 발의 미사일을 발사한다면 적의 함대는 전멸이겠지. 적을 향해 미사일을 발사하는 것은 어렵지 않지만, 상대의 미사일을 막아내는 것은 어렵거든. 그래서 이지스함이 중요한 거야. 원래 이지스함은 미국이 구소련의 엄청난 미사일 공격으로부터 항공모함을 보호하려고 개발한 함정이거든. 미국은 이지스함을 개발해서 수십 척을 배치했고, 일본은 미국에 이어 1990년대에 세계에서 두 번째로 이지스함을 네 척 배치했어. 지금은 추가로 두 척을 더 건조했고."

"우리나라는?"

"세종대왕함을 시작으로 이지스함 세 척의 배치를 진행 중이야. 비교적 최근의 일인데, 배치가 늦기는 했지만 그래도 이지스함 중 가장 최신이라고 하더군."

주연이는 내 설명을 열심히 듣고 있었고, 저쪽에서 다나카와 혜영이는 자기들끼리 장난치고 있었다. 차분하고 쿨한 혜영이와 감정 표현이 풍부한 다나카는 타입이 정반대지만 엉뚱한 장난칠 때는 서로 죽이 잘 맞는다.

하푼(Harpoon missile, 미국이 개발해 세계적으로 널리 쓰이는 대함 미사일) 미사일 발사대가 보이고, 함포도 보였다. 함포가 두툼한 것을 보니 127mm 함포인 것 같았다. 잠수함도 보인다. 다시 주연이에게 말했다.

"오! 잠수함이다. 일본의 잠수함들은 덩치가 커서 보통 3,000톤, 4,000톤이 넘어. 한국의 장보고급* 잠수함 1,200톤, 손원일급 잠수함 1,800톤보다 훨씬 크지. 6,000톤급 수준의 핵잠수함을 못 만드는 대신, 디젤 잠수함의 덩치를 최대한 키운다고 볼 수

★   한국 최초의 잠수함 이름이 '해상왕 장보고'의 이름을 따서 '장보고함'이다. 이후 같은 급의 함을 '장보고급'이라고 부르게 되었다.

있지. 하지만 최첨단이라는 면에서 한국의 잠수함들은 일본의 것과 동등하거나 심지어 일본을 능가하기도 해."

주연이가 의외라는 듯이 물었다. "그게 정말이야?"

"당연하지. 한국의 잠수함들은 세계 최고의 잠수함 기술을 가진 독일의 전폭적인 기술 지원으로 만들어졌으니까. 설계, 전투 시스템, 어뢰, 추진 프로펠러 등에 독일의 우수한 기술력이 녹아 있지."

"에이, 난 또."

"하지만 한국은 독일로부터 빠르게 잠수함 제조 기술과 운용 노하우를 습득하고 있다고 해. 그래서 한국은 아주 짧은 시간에 유력한 잠수함 전력을 키운 국가이기도 하지. 우리나라 잠수함은 작아도 성능이 매우 우수하거든. 특히 림팩(RIMPAC)*에서 한국 잠수함들은 핵잠수함, 이지스함, 헬기 항공모함 등 다수의 함정을 격침해 다른 나라 해군을 놀라게 했지. 뛰어난 전투 시스템, 은밀성, 그리고 우수한 승조원의 기량으로 한국 잠수함은 상대 팀 함대를 전멸시키곤 했어."

"진짜야?"

"응. 특히 세계에서 가장 강력한 미국, 일본의 대(對)잠수함 방어망을 뚫고 그런 성과를 거두었다는 것이 대단하지."

이야기를 나누는 동안 우리 눈앞의 배들은 크고 유력한 함정

★ 림팩(RIMPAC)은 미국을 포함한 태평양 연안 국가들이 참가하는 해군 연합기 동훈련이다. 각국 해군이 모여 실전에 버금가는 대규모 훈련을 벌이는 것으로 유명하다.

에서 작고 덜 알려진 함정으로 바뀌어 가고 있었다. 45분의 관람 시간도 끝나가고 있다. 바람이 시원하다. 사실 해군 함정을 보는 것도 기분이 좋았지만, 이렇게 내 이야기를 들어주는 주연이와 저쪽에서 장난치고 있는 혜영이, 다나카와 함께여서 더 좋았다.

배에서 내려서 식사로 뭘 먹을까 고민하다가 햄버거집 앞에서 메뉴를 보고 있으니 혜영이가 나, 다나카, 주연이의 사진을 찍어 준다. 식사 후 베르니(ヴェルニー) 공원을 거닐었다. 한산한 거리, 건너편은 바닷가이고 아까 봤던 군함들도 보인다. 날씨는 좋았고 바람은 상쾌했다. 주말인데도 사람이 별로 없어서 한적했다.

그곳에서 웃고 떠들었다. 우린 주로 일본어로 대화했지만 종종 나는 혜영이와 주연이에게 한국어로 말했다. 다나카가 궁금해하면 다시 일본어로 말해주면 그만이었다. 나도, 주연이도, 혜영이도 다나카와 일본어로 말하는 데 익숙했다. 이건 언어 능력의 문제뿐만 아니라 마음의 문제이기도 한데, 그만큼 다나카가 우리와 죽이 잘 맞았고 우리도 다나카를 편하게 생각했기 때문이다. 더구나 다나카는 당시 한국어 공부까지 하고 있었다. 그렇기에 우리 넷은 한국어와 일본어로 스스럼없이 웃고 떠들 수 있었다.

#03

─────────────────── 주연이가 일이 생겨 잠시 회사에 다녀오겠다고 했다. 그래서 일단 나, 혜영, 다나카 셋이서만 핫케이지마(八景島)의 시파라다이스(SEA PARADISE)에 가기로 하고 주연이는 나중에 합류하기로 했다. 시파라다이스에는 바닷가를 배경으로 한 테마파크와 커다란 수족관이 있는데, 우리는 그 중 수족관을 보기로 했다. 엄밀하게 말하면 핫케이지마는 요코하마 시(横浜市)에 속한 곳이다. 하지만 주연이가 있는 곳으로 놀러 온 우리에겐 이 코스도 엄연히 '요코스카 산책'이었다.

전철을 타고 이동한 뒤 핫케이지마로 들어가는 모노레일을 탔다. 밖에는 바다를 낀 도심이 보였다. 아파트와 정박한 배가 같이 있는 게 신기했다. 다나카와 혜영이는 신이 나서 포즈를 취하고 사진을 찍었다. 둘이 한 번씩 같은 포즈로 사진을 찍으며 노는 게 꼭 남매 같다.

"오빠, 사진 찍어주세요."

"윤군, 나도 찍어줘!"

사진 찍어달라며 혜영이와 다나카가 둘 다 손을 머리에 대고 서 있다.

"알았어. 자, 하나, 둘, 셋!"

일본에서 모노레일을 타고 있으면 가끔 신기한 느낌이 든다. 난 한국에서 모노레일을 타본 적이 없다. 어릴 때 학습백과사전에서 모노레일에 대한 설명을 읽고 타고 싶긴 했는데 한국에서는 교통수단으로서의 모노레일을 접하기 어려웠다. 일본에 와서야 어딘가에 매달린 또는 어딘가에 얹어져 있는 형태의 모노레일이란 것을 탈 수 있었다. 어릴 적 보던 학습백과사전의 그 모습 그대로였다(지금 생각해보면 당시 책에 실려 있던 사진이 일본의 모노레일이었던 것 같다). 전철과 비슷하면서도 더 생동감이 있고, 왠지 놀이기구 타는 것 같아서 좋다. 앞을 보고 있으니까 다리 위해 설치된 레일을 따라 모노레일이 핫케이지마로 진입하는 것이 보인다.

역에서 내려 시파라다이스를 향해 걸어가는 길에 바닷가와 모래사장이 보인다. 건너편에 산과 도심이 보이니까 완전히 탁 트인 것은 아니지만 그래도 바닷가다. 7월의 토요일인데도 사람이 별로 없다. 멀리서 엄마랑 아이가 노는 것이 보였고 여자애가 뛰어가는 것도 보이지만 우리 주위엔 사람이 없다. 오랜만에 고운 모래를 밟아 본다. 조금 있다가 혜영이가 샌들을 벗었다.

"오빠도 벗어보세요. 너무 편해요."

"괜찮아. 난 별로."라고 말하고 그냥 걸었다.

하지만 맨발이 된 혜영이의 모습은 보기가 좋았다. 소녀 같은 분위기가 난다.

사람이 없으니까 모래사장 주변이 탁 트인 느낌이 났다. 모래를 밟는 느낌도 무척이나 좋았다. 모래 위에 하얀 조개 조각들이 흩어져있었다.

'내가 언제 또 이런 곳에 올까? 날씨도 좋고, 사람도 없고, 경치도 좋고, 모래도 부드럽고.' 여기까지 생각이 미치자 나도 신발을 벗고 싶어졌다.

"혜영아, 여기 유리 조각 같은 것 없지?"

"네, 없어요. 괜찮아요."

나도 신발을 벗었다.

신발을 벗길 잘했다. 모래를 밟는 보드라운 느낌이 좋다. 다나카 상에게도 말했다.

"다나카 상도 신발 벗어봐! 되게 좋아, 편하고."

하지만 다나카 상은 괜찮단다.

모래사장에 앉았다. 다나카는 토이 카메라로 여기저기를 찍고 있었고 나는 흙장난을 하며 놀았다. 혜영이는 카메라로 나를 찍어댔다. 모래를 만지니까 옛날 생각이 난다. 마지막으로 흙장난했을 때가 언제였더라. 초등학교 4학년 때까지다.

모래로 채워진 놀이터가 있었고 또래 친구들이 많았던 그 아파트. 모래로 이것저것 쌓고 두꺼비집도 만들고 물길도 만들었다. 그렇게 내 손과 발은 흙에 닿았다. 그 후 초등학교 5학년 때 이사하는 바람에 그런 흙장난을 할 기회는 사라졌다. 이사 간 곳은 친구 사귀기 어려운 서먹한 고층 아파트였고 모래가 쌓여있는 놀이터도 없었기 때문이다. 오랜만에 맨발로 걷고 흙장난을 했다. 잠시 어린아이가 된 것 같다. 혜영이가 심심한지 자꾸 내 사진을 찍는다. 흙장난을 해도 가만히 앉아서 바다를 보고 있어도 계속 찍고 있다.

"그만 찍어."

"왜요. 가만히 계세요. 제가 잘 찍어 드릴게요."

평소에 쿨하게 행동하는 혜영이가 상냥하게 구니까 좀 어색하다. 다나카는 토이 카메라로 사진을 찍고 있다. 진짜 카메라와 비교하면 장난감 같은 느낌의 플라스틱 카메라지만 그 나름의 매력이 있단다.

토이 카메라를 만지는 다나카. 샌들을 벗고 있는 혜영이를 보니 모두 어른이 아니라 그냥 '애' 같다. 물론 나도 그렇다.

#04

━━━━━━━━━━━━ 모래사장을 거쳐 걸어가면 시파라다이스가 나온다. 우린 테마파크가 아닌 수족관으로 향했다. 나는 전에 온 적이 있었지만 또 오고 싶어서 다나카와 혜영이한테 침이 마르도록 시파라다이스의 수족관을 칭찬했었다.

들어가니 과연 예전에 갔던 그 훌륭한 수족관이었다. 커다란 수조 안에 북극곰과 바다코끼리가 보인다. 바다코끼리는 아예 유리와 밀착해 있어서 눈앞에서 볼 수 있었다. 사람보다 더 큰 신장에 아주 뚱뚱했고 커다란 어금니가 있었다. 실제로 보니까 정말로 덩치가 컸다. 수영하는 바다코끼리 앞에서 혜영이가 포즈를 취한다.

한쪽에는 펭귄들이 보였다. 물속을 앙증맞게 헤엄치고 있었다. 이 광경을 어떤 일곱 살쯤 되어 보이는 여자아이가 열심히 구

남자는 여행

경하고 있었다. 흰색 카디건을 걸치고 파란 치마를 입고, 귀여운 빨간빛 가방을 뒤로 늘어뜨린 채 넋을 잃고 펭귄을 보고 있었는데 그 뒷모습이 귀여웠다. 너무 귀여워서 그 뒷모습을 안 찍을 수가 없었다.

다른 쪽으로 가니 건물 2~3층 정도 되어 보이는 거대한 수조에 엄청나게 많은 정어리(수족관 측에 의하면 약 5만 마리) 그리고 다른 많은 물고기가 있었다. 그 규모에 압도되어 입을 딱 벌리고 구경했다. 무섭게 생긴 샌드 타이거 상어도 보였다.

열대어가 있는 곳에서 차례로 사진을 찍었다. 주로 내가 혜영이와 다나카를 찍어주었고 혜영이가 내 사진을 찍어주었다. 정말 희귀 동물이 많았다. 각종 열대어, 거북이, 문어, 해마, 게 등이 있었다. 특히 신기한 것은 거대한 게였다. 이름이 다카아시카니(タカアシガニ), 한국어로는 '거미게'라고 하는데, 세계에서 제일 큰 '게'이며 일본에서만 서식한다고 한다. 정말 크고 다리가 길었다. 그 큰 게가 가는 다리로 몸을 지탱한 채 묵묵히 서 있는 것을 보았을 때 드는 생각은 딱 두 가지였다. '다리 길이가 3m는 되는 것 같다' '이거 먹을 수 있을까?' 나중에 검색해보니까 큰 것은 다리 길이가 3.8m이고 먹을 수도 있다고 한다.

수조 안의 물고기를 본 후 돌고래 쇼를 보러 갔다. 이곳 돌고래 쇼는 일반 돌고래뿐만 아니라 수족관의 자랑인 흰돌고래도 나온다. 이름처럼 정말로 새하얗다. 세계적인 희귀종이라는데 덩치가 크면서도 앙증맞고 귀엽다. 조련사의 신호에 맞추어 흰돌고래 두 마리가 동시에 튀어 오른다. 그리고는 그중 한 마리가 물살을 헤치고 조련사와 합류해 마치 한 몸처럼 붙어서 수영한다. 그리고 조련사가 흰돌고래를 놓아주자 그 흰돌고래와 나머지 한 머리가 조련사의 신호에 맞추어 다시금 '확' 튀어 올랐다. 처음에는 흥미가 없었지만 보니까 재미있어졌다. 특히 아까 수조에서 못 보았던 앙증맞고 귀여운 흰돌고래를 보게 되어 좋았다.

그렇게 시간이 얼마나 흘렀을까? 주연이로부터 전화가 왔다. 직장 일을 끝내고 수족관 쪽으로 오고 있단다. 수족관 구경을 마치고 주연이를 마중 나갔다. 수족관을 떠나기 전에 기념품 가게에 들렀다. 귀엽고 예쁜 인형들이 정말 많았고, 가격도 그리 비싸지 않았다. 북극곰 인형, 펭귄 인형, 돌고래 인형, 범고래 인형, 열대어 인형은 물론 바다코끼리 인형도 있었다. 내가 귀엽다, 귀엽다 하니까 혜영이와 주연이가 나에게 말한다.

"오빠, 이거 인형 다 들고 있어 봐."

"왜?"

나는 북극곰을 안고, 다나카는 물개를 머리에 얹었고 혜영이도 물개를 손에 들었다.

"자. 찍는다. 하나, 둘, 셋." 그렇게 우리의 사진이 찍혔다. 가게를 가득 채운 귀여운 인형들과 우리의 웃는 얼굴이 잘 어울린다.

#05

──────────── 1년 뒤 다시 핫케이지마를 찾았다. 이번에는 주연이와 둘이 갔다. 그때처럼 모래사장을 지나 시파라다이스에 왔다. 하지만 이번에는 수족관으로 가지 않고 테마파크 쪽으로 갔다. 바다에 설치된 '무서운' 롤러코스터를 타

고(나는 별로 안 무서운 데 주연이가 무서워했다),
주변을 걷고 있으니까 넓은 잔디가 보였
다. 인조 잔디이긴 했지만 탁 트인 푸른 잔
디밭이 좋았고 마침 주변에 사람도 없었
다. 갑자기 마음껏 뛰고 소리 지르고 싶은
충동이 들었다. 가방을 바닥에 내려놓고
"와!" 하고 소리를 지르며 그곳을 뛰어다녔다. 옆에 있던 주연이
도 가방을 내려놓고 나를 따라 소리를 지르며 뛰어다녔다. 그렇
게 우리는 소리치고 뛰어다니며 자유를 만끽했다.

한바탕 뛰어다닌 후 주연이와 도란도란 이야기를 나누었다. 어
느새 주위가 어둑어둑해졌다. 어두운 하늘과 바닷가를 바라보는
사이에 테마파크 전체에 음악이 깔렸다. 어둑해진 풍경에 음악이
흘러나오니 말할 수 없을 만큼 기분이 좋았다. 주위를 둘러보았
다. 어두운 하늘, 바닷가, 놀이 기구, 예쁜 조명 빛이 음악과 완벽
하게 조화를 이루고 있었다. 어느 7월의 토요일 밤.

순간 시간이 멈춘 듯 이상한 기분에 사로잡혔다. 어두운 밤,
물, 놀이기구, 어둠을 비추는 조명 빛……. 꿈을 꾸는 것 같고 황
홀했다. 마음속 깊은 곳에서 느끼고 싶어 했던 그런 느낌.

정영호

당신과의 여행

베이징, 당신에게 낯선, 내겐 익숙한 그곳

몸의 중심은 심장이 아니다. 몸이 아플 때 아픈 곳이 중심이 된다. 가족의
중심은 아빠가 아니다. 아픈 사람이 가족의 중심이 된다.

— 박노해, 〈나 거기 서 있다〉

—————————————————— 베이징에서 직장 생활을 하던 시절, 난 한 번도 어머니를 베이징에 모신 적이 없었다. 그땐 뭔가 긴장되고 쫓기는 기분으로 하루하루를 살았던 것 같다.

시간이 흐르고 흘러 드디어 어머니를 모시고 갈 기회가 생겼다. 사진대회 부상으로 베이징 여행 상품을 받았다. 어머니와 함께 베이징 여행을 하리라 결정한 순간부터 나는 노모의 여행 보호자였다. 나 혼자만의 여행에 익숙해져 있기에 누군가와 함께, 그것도 노모의 보호자 역할로 여행을 준비한다는 것이 처음에는 부담스러웠다. 베이징에 도착하기 전까진 분명 그랬다.

베이징에서 어머니는 내 지시를 잘 따르는 관광객이었고, 난 능숙한 가이드로서 훌륭히 그 임무를 수행하기 시작했다. 택시가 3환(环)*에 들어서자 극심한 차량정체가 시작되었다. 현지인에게도 악명 높은 베이징의 교통체증은 언제 가도 변함이 없다. 택시 기사가 틀어 놓은 라디오에선 경극 소리가 귀를 때렸다. 꽉 막힌 도로, 헐떡이는 택시 안에서 햇빛 쨍쨍한 좋은 날씨에 감사를 드리고 또 드렸다. 날씨가 언제 변덕스럽게 마음을 바꿀지 몰라 둘째 날에는 무조건 만리장성을 다녀오기로 해두었다.

★   환(环)은 베이징의 도로 구분 명칭으로, 도로를 고리의 형태로 나눈다. 2환부터 점차 숫자를 부여하는 방식이다.

#02 베이징, 여행하기 좋은 계절인 가을

베이징 날씨는 계절별로 장단점이 뚜렷하다. 이곳 날씨를 계절별로 살펴보면 5월 날씨는 성질 사나운 먼지 바람이 잦아서 길을 걸어 다니기 여간 불편한 게 아니다. 린위탕(林语堂)*의 〈베이징 이야기〉에 나오는 먼지 가득함을 나타내는 말인 '무풍삼촌투 우천만지니(无风三寸土, 雨天满地泥)**'가 가장 맞아떨어지는 시기가 5월이다.

여름은 한낮 기온이 40도에 육박하는 무더운 날씨지만 비가 자주 와 그 열기를 식혀준다. 가끔 열기가 식는다 해도 여름철 베이징 여행은 고행길이다. 겨울에는 뉴스에서 익히 봐 알듯이 난방 매연으로 사람들이 산업용 분진 마스크를 쓰고 다닌다. '베이징의 겨울 하늘은 맑고 푸르며 햇볕은 따뜻하고, 여름철은 비가 많이 내려 꽤 이상적인 날씨'라 말했던 린위탕이 느끼던 베이징 날씨는 과거 속 모습뿐 일지 모른다.

이에 반하여 베이징의 가을은 청명한 하늘과 함께 실내외의 적당한 기온 차로 여행하기 딱 좋은 계절이다. 특히 도보 여행을 좋아하는 경우엔 더없이 좋은 시기가 가을이다. 이런 이유로 9월 말에 어머니를 모시고 여행에 나섰다.

★   린위탕(林语堂)(1895~1976)은 중국 현대문학을 대표하는 작가 중 한 명이자 학자이다.

★★ 무풍삼촌투 우천만지니(无风三寸土, 雨天满地泥)는 '바람 불지 않는 날 먼지는 3촌이 쌓이고, 비가 오는 날 땅은 진흙으로 가득하다'라는 의미다.

#03 매일 아침 복부 마사지, 매일 저녁 발 마사지

—————————————————— 스차하이 근처 후통(胡同)*에
자리한 '섀도 아트 부티크' 호텔에 짐을 풀고 낯선 길이 불편해 걷
는데 어려움을 겪는 어머니를 모시고 주변을 한 바퀴 돌았다. 그
때만 해도 당신이 낯선 길이 부담스러워 걷는 게 불편한 줄만 알
았다. 바이두 지도상에 검색되는 마사지 가게들을 쭉 훑어보다
메이란팡(梅兰芳)** 기념관 근처 한 곳을 선택해 찾아갔다. 제대로
된 마사지 가게인지 확인하는 방법은 직접 마사지를 받아보고
수준을 파악하는 것밖엔 방법이 없다. 중국 마사지는 치료와 보
건, 두 가지로 분류된다. 중의대학(한국의 한의대학에 해당)에서 공부
하고 정식으로 의사로 근무했던 경험 많은 치료 마사지사를 만
나기는 쉽지 않다.

　사전정보가 충분하지 못한 상태로 찾아갔던 곳은 운이 좋게도
창춘 중의대학에서 안마를 전공한 퇴직 중의사(한국의 한의사에 해
당)가 운영하는 마사지 가게였다. 첫날부터 어머니를 위한 여행의
단추가 잘 채워졌다. 그녀는 시각장애인이었다. 남편이 그녀를 도
우며 안마원을 꾸려가고 있다. 그들의 외동딸 또한 안타깝게 ('안
타깝다'라는 감정, 그들은 자연스러운 삶이고 인생인데 나 혼자 느끼는 쓸데없
는 감정일 수 있다. 이 감정의 오만함을 독자들은 이해해주길 바란다) 시각장
애인이다. 그녀처럼 창춘 중의대를 졸업하고 안마 병원에서 의사

★　후통은 대로변이 아닌 주거 지역에 있는 예전 사람이나 인력거가 다니던 좁은
　　도로이다. 지금은 개발로 인해, 후통 본연의 예전 모습을 찾아보기 어렵다.
★★　메이란팡(梅兰芳)(1894~1961)은 베이징 출신의 중국 경극 배우이다. 그의 대표
　　작품 중 하나는 우리에게 익숙한 '패왕별희'이다.

로 근무하면서 퇴근 후에는 부모를 돕는 효심 깊은 딸이다. 베이징으로 떠나기 전 계획했던 어머니를 위한 치료마사지 투어는 그렇게 시작되었다.

첫날 마사지는 사전 탐방의 개념이었다. 어머니의 만족을 확인하려 당신이 마사지를 받는 동안 유심히 얼굴을 관찰하고, 마사지 후에도 계속해서 어땠냐며 답을 재촉했다. 세상 어머니는 다 마찬가지일까? 본인의 의사 표현을 잘 하지 않는다.

"나는 이게 좋다."

"난 뭐가 필요하다."

"내가 뭐 하고 싶다."

이렇게 직접 말을 해주면 오죽 좋을까? 웬만해선 본인의 욕심을 드러내지 않는다.

내가 우격다짐으로 둘째 날부터 아침저녁 일과로 마사지를 시켜드리지 않았다면 그저 아들놈 돈 얼마 쓰는지만 걱정했을 것이다. 마사지를 좋아하는 본인의 욕심은 또 마음속 깊이 감췄을 것이다. 온종일 같이 지내면서 점점 당신도 속마음을 내비치기 시작했다. 병원에 다녀 봐도 변비가 낫질 않아 죽을 맛이란 사실, 인생의 반쪽을 먼저 저 세상으로 보낸 후 얻은 뇌경색이란 병마와 싸우느라 힘들었던 시간, 뇌경색 후유증으로 점점 시력을 잃어가고 있다는 사실도……

둘째 날, 날씨는 맑고 푸르렀다. 왕복 5시간이 걸린 만리장성, 그렇게 간 만리장성에서 어머니의 눈이 안 좋다는 사실을 처음 알게 되었다. 본인만의 비밀로, 자식들 걱정할까 대충 얼버무리며 지내왔기에 미처 알지 못했다.

　만리장성을 관광하는데 눈앞에 거대한 벽이 있는데도 하늘이 뿌옇고 장벽도 뿌옇다는 당신의 말에 흐르는 눈물을 참았다. 혼잣말로 '야, 이 자식아, 울지 마! 의연해라!'를 외치고 또 외쳤다. 자식이 걱정할까 봐 맑게 보이지 않는 시력 상태를 비밀로 했던 당신 앞에서 힘들어하는 모습을 보이고 싶지 않았다. 울음을 참느라 나도 모르게 일그러졌던 얼굴, 그리고 그걸 보고 모른 척 넘겨 준 당신. 만리장성은 그런 우리를 고스란히 지켜보고 있었다.

　만리장성을 좀 오랫동안, 많이 걷고 싶었다. 하지만 당신은 다리가 불편하고 특히 눈앞이 선명하게 보이질 않아 여기저기 걸을 때 나오는 계단에 매우 힘들어했다.

　"만리장성 와 봤으면 됐다."

　"나 너무 신경 쓰지 마라, 넘어지기라도 하면 여행 엉망 된다. 돌아가자."

　그렇게 만리장성 구경은 금세 끝이 났다.

　그 날 저녁 호텔 로비에서 당신과 참 오랜 시간 이야기를 나눴다. 지금껏 살아오면서 어머니와 그렇게 많은 이야길 나눠 본 적 있었던가? 오로지 어머니 입장에서 들어주고, 대답해줘 본 적 있던가? 그제야 사진대회 수상으로 어머니와 단둘이 여행 올 기회를 얻게 된 것은 신이 준 선물이지 않을까 하는 생각마저 들었다.

매일 아침 7시에 기상, 호텔 조식을 먹은 후 9시엔 어김없이 마사지 가게로 향했다.

셋째 날까지 당신의 몸에 특별한 변화는 없었다. 넷째 날부터 몸에 변화를 느끼며 그동안 그렇게 당신을 괴롭혔던 변비가 해결되는 걸 느끼기 시작했다. 귀국 후 남들은 믿지 못할 정도로 그 문제는 말끔히 해결되고 지금도 이틀에 한 차례 정도 해우소에서 그곳의 말뜻처럼 정말 근심을 풀어내고 계신다.

#04 베이징에서 꼭 가야 할 곳

티엔탄(천단, 天坛)

티엔탄 근처 베이징 카오야(북경 오리요리) 전문점에서 점심을 먹고, 티엔탄 남문으로 들어가 곧장 기년전을 방문했다.

날씨 좋은 오후, 티엔탄의 모습은 무척 화려하다. 우리나라 건축물이 수채화 느낌이라면 중국의 그것은 유화 느낌이다. 기년전 꼭대기의 황금색 보주★는 그 화려함에 화룡점정을 찍는다. 티엔탄은 환구단과 기년전을 통틀어 부르는 말이지만 대개 티엔탄하면 기년전을 떠올리고 기년전은 티엔탄의 주요 볼거리이기도 하다.

"엄마, 잘 보여? 엄마, 형태 알아보겠어?" 조금이라도 더 보여드리려 조바심을 냈다.

나도 이제 중년으로 접어드는데 아직은 "엄마"라 부르는 게 좋다. 어른인 척, 철든 척하고 싶지 않은 마음 때문일까? 어머니라 부르면 낯설고 거리감이 생기는 기분 탓일까?

"와 봤다는 거로 충분하다."

"좋은 거 먹고 이렇게 걸을 수 있는 게 어디냐?" 그게 다였다.

그 후론 잘 보이느냐고 묻고 또 묻고 하질 않았다. 그냥 살랑거리는 바람이 뺨을 간지럽히듯 서로 손 꼭 잡고 손의 촉감을 느끼며 어딜 가나 그렇게 구경했다.

베이징에 쭉 살고 있었던 것처럼 느긋한 마음으로.

이흐어위엔(이화원, 颐和园)

당신은 참 셈에 밝다. 중국 돈으로 택시비를 내건, 식사비를 내건 대충 얼마인지 금세 맞춘다. 그리고 싸다, 비싸다를 얼추 맞춘다. 내 엄마지만 정말 대단하다.

호텔에서 이흐어위엔까지 택시비 54위엔(元)을 내자 "1만 원이면 꽤 멀리 왔구나"하고 바로 말씀하셨다. 아침부터 꽤 많이 내리

★   보주는 탑이나 건축물 꼭대기의 구슬 모양 장식이다.

던 비는 잦아들고 있었다. 혹여 비
가 올까 봐 한국에서 챙겨왔던 우
비와 우산으로 택시에서 내리자마
자 완전무장하고 이흐어위엔 북문
으로 들어갔다. 계단들로 이뤄진
관광 코스 탓에 채 얼마 가지 못하
고 숙소로 돌아가는 길을 서두를
수밖에 없었다. 어머니의 눈과 무
릎이 좋지 않아 비 오는 날 돌계단

을 오르내리는 게 참으로 위험했다. 인공 산을 만들어 오르락내
리락하며 산책하게 만든 길은 비가 오면 걷는 게 더 고역일 수밖
에 없었다. 베이징에 온 김에 유명하다고 소문난 곳들은 다 보여
드리고 싶어 선택했던 여행지였지만 아쉬움을 남긴 채 되돌아올
수밖에 없었다.

꽁왕푸(공왕부, 恭王府)

마지막 날 티엔안먼(천안문, 天安门)과 꾸꽁(고궁, 故宫)을 한 바퀴
걷게 해드리려던 내 마음도 모르고 하늘은 이른 아침부터 울어
댔다. 당신 몸 상태가 괜스레 신경 쓰여 결국 방문을 취소했다. 이
럴 줄 알았으면 9박 10일까지 가능했던 여행 일정을 6일로 줄이
는 것이 아니었다. 당신은 다닐 수 있다고 연신 말했는데도 내 쓸
데없는 걱정으로 일정을 줄였던 것이 두고두고 아쉽다.

취소한 꾸꽁 대신 호텔 인근 꽁왕푸(恭王府)*를 산책하는 것으로 아쉬움을 달랬다. 며칠 동안 어머니와 함께 24시간을 지내다 보니 당신의 눈 상태에 익숙해져 당신의 호흡에 맞춰 걷고 구경하게 해드릴 수 있었다. 비가 자박하게 내리다 보니 미끈거리는 돌들로 만들어진 바닥을 디딜 때마다 상당히 불편해하셨다. 출구 쪽에 마련된 가게들을 휘둘러보는데 한 신발 가게의 곱디고운 꽃신에 내 눈길이 머물렀다. 베이징 전통 신발인 라오베이징뿌시에(老北京布鞋)였다. 이 신발은 산시성 핑야오(平遥)에서 신기 시작하여, 3000년 이상 서민들의 발과 함께하고 있다. 당신에게 한번 신어보라 하니 이제 습관이 되어버린 거절 그리고 나의 우격다짐. 신어보시더니 참 편하다 했다. 철이 지나 평소보다 싸게 파는 천 신발을 또 흥정하여 꽤 싼 가격에 사서 선물로 드렸다. 귀국 후 신고 다니셨나 보다. 참 편하다며 감탄하신다. 당신걸 몇 켤레 더 사 왔으면 좋았겠다는 말씀을 드렸다. 누나들은 내 것도 사오지 그랬느냐고 말했다. 기념품으로 하나 사드렸던 건데 이렇게 반응이 좋을지 누가 알았을까? 쇼핑에 젬병인 나의 치명적 약점이 또 한 번 노출되고 말았다.

#05 언니와 동생에서 다시 서로의 일상으로

———————————————— 귀국 날 아침까지 당신의 마사지를 챙겨 드렸다. 아침 일찍 일어나 짐을 싸고 부리나케 호텔 조

★ 꽁왕푸(恭王府)는 스차하이에 있는 청대(清代) 공친왕(恭亲王)의 거처였던 곳이다.

식을 먹었다. 지극 정성으로 어머니
를 치료해줬던 마사지사와 그 가족
에게 감사의 인사라도 하자는 어머
니 말에, 지난밤 사과 한 봉지와 큼
직한 바나나 한 송이를 사서 챙겨
둔 걸 양손에 들고 혹시나 당신이
다칠까 내 팔짱 꼭 끼게 하고 마사
지 가게로 향했다.

난 머무는 동안 마사지사를 아이
(阿姨, 우리말로 이모라 부르는 호칭이다)라 불렀다. 이모는 내게 한국말
로 지에지에(姐姐, 누나 혹은 언니를 부르는 중국어다)를 어떻게 부르냐
고 물었다. 그녀는 어머니를 꽤 정확한 발음으로 "언니"라 연신
불렀다.

우리는 머무는 동안 한 가족이었다. 마사지를 받으러 온 여행
객과 마사지 가게 주인이 아닌 오랫동안 머문 이웃사촌처럼 그렇
게 지냈다. 시각장애인이란 특수한 상황을 타고 태어난 그녀는
어머니를 마음으로 이해하고 더 살뜰히 챙기고 치료했다.

귀국 날 아침엔 그녀는 거의 2시간 가량을 복부와 심장 그리고
두피 마사지 등 전신을 치료해줬다. 그녀의 진심 어린 치료에 눈
가가 뜨끈해졌다. 며칠 더 머문다면 당신 치료를 좀 더 시켜드릴
텐데, 이모네 가족과 좀 더 수다 떨며 지낼 텐데 하는 생각에 여
러 감정이 교차하면서 베이징을 떠나기 무척 싫었다.

#06 신이 내린 선물, 어머니와의 5박 6일

———————————————— 지금까지 내 삶에 초점을 맞추어 살며 경쟁에서 뒤처지면 안 된다는 강박감으로 노모에 관한 관심을 차단한 채 살아왔는지 모른다. 당신이 고기를 참 좋아한다는 사실마저 그동안 모르고 살았다.

아마 어릴 적 자식들을 한 입이라도 더 먹이려 했던 어머니의 모습에 익숙해져 당신의 고기 먹는 모습을 보지 못했을지도 모른다. 다 크고 나서는 고향을 떠나 가끔 찾아뵙던 노모의 식성을 또 모르고 지냈는지 모른다. 당신은 어느 곳을 가건 구경하기 좋아한다는 것도 잘 알지 못했다.

5박 6일이란 시간은 내가 아닌 당신에게 집중했던 시간이었다. 그렇다 해서 노모를 모시고 여행을 다녀보지 않은 건 아닌데, 단둘만의 시간이란 게 이리 소중하고 가슴 한가운데가 뜨거운 것인지······. 사진 대회 수상이란 뜻밖의 선물, 그것은 노모에게 한 번쯤 집중해보라는 신이 내게 준 메시지였다.

저자 소개

문 상 건　　　　혼자 있고 싶다고 말하면서 술자리에 잘 걸려든다. 겉으로는 괜찮다고 하지만 끙끙 앓곤 한다. '사랑해'의 타이밍에 아직 서툴다. 이런 불안을 견디는 유일한 방법은 사람과 삶에 대한 관심이라는 걸 늦게 깨달았다. 따뜻한 말과 바른 행동은 끝없이 이어질 거라고 믿는다. 자주 반성하고 착하게 살기 위해 노력한다. 『소소하게, 여행중독』을 썼다.

이메일 teenagersoul@naver.com
페이스북 www.facebook.com/sanggun.moon

정 영 호　　　　꽤 오랫동안 여행 편식증을 앓고 있다. 한 도시를 여러 번 방문해서 그곳이 익숙해지면 다른 도시를 탐구하곤 한다. 주로 스마트폰으로 도시를 담고, 생활 체험형 여행으로 그곳과 교감한다. 『스마트폰 셔터를 누르다』 『스마트폰 하나로 떠나는 니하오! 중국 다롄』을 썼다.

이메일 thefotostory@naver.com
블로그 blog.naver.com/thefotostory

손 명 주　　　　야근금지법이 생기기를 기다렸지만 끝내 그런 일은 일어나지 않아 제주로 피난 왔다. 불필요한 관계를 피하는 법을 연구하며 주로 집에 은거한다. 거의 매일 글을 쓴다. 평온한 일상에 있어 글쓰기의 힘을 믿는다. 동물원과 동물쇼를 반대한다. 고양이와 함께 산다. 『제주에서 2년만 살고 싶었습니다』와 독립출판 『제주의 작은 작업실』을 썼다.

이메일 slavecdma@naver.com
인스타그램 @sonmyeongju

남자의 여행은 나 자신을 찾는 여행

잠시 쉬어 가는, 나만의 시간에 대한 기록

–

문상건

'남자의 여행'이라는 주제로 글을 부탁받았을 때 '마초적인 남성 여행기를 써달라는 건가?'하고 잠시 생각에 잠겼다. 편집자는 무려

★ 남자라면 여행을 해야 한다

★ 남자니까 남자만의 여행이 필요하다

★ 세상에는 남자만 가능한 여행이 존재한다

★ 남자는 여행을 통해서 인생을 알게 된다

라는 구체적인 주문사항까지 제시했다. 남자와 여행의 상관관계에 대한 깊고 넓은 성찰이 필요했다.

남자는 단순하고 눈치가 없는 편이다. 감성도 부족하다. 가끔

무모하기까지 하다. 물론 그렇지 않은 남자도 있지만 드물다. 그런데도 '여자의 여행'보다 '남자의 여행'이 왠지 더 신선한 이야기가 될 거 같은 이유는 무엇일까? 도대체 남자다운 여행이란 어떤 것일까?

남자답다는 것은 '마초적인 허세'를 의미하는 건 아니다. 이 책에 담긴 남자들의 여행에는 '피하지 못하고 마주쳐야 했던 순간의 기록'이라는 말이 훨씬 더 잘 어울린다. 나의 경험에 의하면 이런 여행의 경험은 대부분 남자가 가지고 있다.

꼼꼼한 여행의 기록이나 수준 높은 성찰, 읽는 이의 눈물샘을 자극할 풍부한 감성이 없더라도 담담하게 '남자의 여행'을 탈탈 털어놓으면 좋을 거라고 생각했다. 솔직히 말하면 나도 그런 책을 독자로서 읽고 싶었다.

나는 무라카미 하루키의 〈바람의 노래를 들어라〉를 읽으면 맥주가 마시고 싶다. 이 책을 펼친 독자가 몇 쪽지를 읽고 맥주 한잔이 생각난다면 나는 무척 기쁠 것이다. 그리고 우리의 이야기를 읽고 독자가 소중했던 자신의 여행을 다시 한 번 떠올리게 된다면 더욱 좋겠다.

그렇다고 남자들만 읽을 수 있는 책이라고 오해할 필요는 없다. 남자가 여행을 만났을 때, 여행에 집중하는 자세가 어떠한지 궁금한 여성은 이 책에서 어느 정도 해답을 찾을 수 있다.

작가들은 인도에서 용병으로 축구를 하고 미국에서 자전거로 16일간 1,500km를 달리기도 했다. 또 어른이 되기 위해 미국으로 농구 보러 갔다가 뭔가 하나 제대로 건지기도 했다. 취업으로 고민하다가 무작정 떠난 제주에서 새로운 삶을 살자는 자극을 받기도 하고 고대 로마의 전쟁터인 이탈리아 남부 칸나에에서 한니발과 파비우스 막시무스의 숨결을 느껴보기도 했다. 7명의 유럽 여성들과 같이 먹고 자며 2주간 이탈리아를 걷는 국토 대장정을 다녀오기도 했다. 상하이, 미국 캘리포니아, 제주에서 여행 같은 삶을 산 작가, 어머니와의 가슴 뭉클한 베이징 여행을 다녀온 작가도 있다.

지금은 서울, 부산, 제주도, 일본에 흩어져 사는 아홉 명의 작가는 이전에는 중국, 일본, 동남아, 인도, 유럽, 미국에서 오래 살았거나 그곳을 여행했다. 이 남자들의 멋진 여행 이야기 열네 편이 한 책에 모였다. 이들의 이야기가 "남자는 여행"이라는 제목에 얼마나 잘 어울릴지 궁금하지 않은가? 이제 그 이야기를 들을 시간이다.

Tabel of contents

PART 1

남자는 스포츠

문상건

나는 대한민국 공병이다

인도에서 축구를 하다

가장 적은 것, 가장 조용한 것, 가장 가벼운 것, 도마뱀의 바스락거림, 한 번의 숨결, 한 번의 스침, 순간의 눈길. 바로 이처럼 작은 것이 최고의 행복을 만든다.

— 프리드리히 니체, 〈차라투스트라는 이렇게 말했다〉 중에서

이 장 호　　　　　인생을 성공과 실패로 나누기보다는 행복한 경험이 많은 인생이 중요하다고 생각한다. 20만 엔만 들고 워킹홀리데이 비자로 일본행. 고베의 유명한 온천인 아리마 온천의 전통 료칸에서 5년간 근무했으며 미국에서 1년간 일하기도 했다. 현재 료칸전문여행사 '료칸플래너'를 운영하는 젊은 CEO이기도 하다. 저서로 『한번쯤 일본에서 살아본다면』(공저), 『료칸에 쉬러 가자』가 있다.

페이스북 www.facebook.com/dlwkdgh3
인스타그램 @jun_0102_

이 민 우　　　　　꿈은 죽는 날까지 성장하면서 다른 사람들의 영감을 일으키는 존재가 되는 것. 실패할지 성공할지 모르지만 하고 싶은 일을 하다가 실패든 성공이든 하는 것이다. 물질소비보다는 경험소비를 추구한다. 2016년 현재는 지금까지의 경험들을 연결하며 앞으로의 삶을 디자인 중이다. 삶의 좌우명은 "why? why & why! 모든 일에는 이유가 있다. 이유 있는 행동을 하자"이다.

이메일 alsdn737@gmail.com
블로그 blog.naver.com/alsdn737

류 일 현　　　　　취미는 농구, 캐나다 어학연수에서 일본인 아내를 만나 현재 일본에서 가정을 꾸리고 살고 있다. 특이사항으로 분에 넘치게 예쁜 딸을 낳아서 딸바보가 되었다. 오래전 다녀온 미국 여행 이야기로 이번 책에서 함께했다.

윤 현 명　　　　　인하대학교 사학과를 졸업했으며, 현재 히토쓰바시대학 사회학연구과 박사과정에 재학 중이다. 조용히 책 읽는 것을 좋아하고 집 떠나 고생하는 것을 본능적으로 싫어한다. 하지만 정말 가보고 싶은 곳이라면 고생 정도는 기꺼이 감수하고 떠날 수 있다. 에세이로 『한 번쯤 일본에서 살아본다면』(공저)가 있다.

　　　　　　　남자는 여행

오 동 규　　　　　"서른 살 남들이 부러워하는 직장을 그만두고 세계 여행을 결심했다. 주변 지인들은 이런 선택을 말렸으나 평생 후회할 것 같아 떠나기로 결심했다." 나는 여행을 떠난 당사자가 아니라 이들을 말린 "주변 지인" 중 한 명이었다. 앞으로도 난 현실 속에서 스포트라이트를 받는 주인공의 "주변 지인" 중의 한 명으로 평범한 삶을 살 것이다. 어쩔 수 없다. 주인공을 하기에는 출생의 비밀도 없었으며 사랑하는 이복동생도 없었으며 결정적으로 카메라발이 잘 받지 않는다. 하지만 글을 쓸 때는 남들과 달라지고 싶었다. 나만이 쓸 수 있는 글을 쓰고자 했다. 다행스럽게 몇 명은 내 글을 좋아했으며 예상대로 대다수는 내 글을 무시했다. 괜찮다. 예상이 적중했다는 것을 위로로 삼으면 된다.

이메일 dongtaeilbo@naver.com
블로그 blog.naver.com/dongtaeilbo

오 동 진　　　　　건국대학교 산업디자인과 졸업. 이십 대 중반의 남자. 자칭 공예디자이너로 현재 본인 감성의 정수를 담은 편집샵 '파우스트' 브랜드 론칭이 한창이다. 머릿속은 온통 작업, 운동, 책, 술, 여행 등 잡다한 것으로 가득 차 있고 어느 하나 놓치기 싫어하는 성격으로 마치 잡동사니로 가득한 다락방 같은 인생을 살고 있다. 어디까지나 성공과 행복은 물질적인 것이 아니라는 주의로, 빠르게 질주하여 목표를 달성하기보다는 느리고 천천히 그리고 단단히 쌓아가는 것을 추구한다. 심신이 힘들 때면 스스로 마초 주문을 외우는 습관이 있는데 제일 좋아하는 주문은 니체의 "Was mich nicht umbringt, macht mich starker(나를 죽이지 않는 모든 것은 나를 더욱 강하게 만들 뿐이다)."이다. 에세이로 『우리는 별빛을 줍는 별의 파편이다』가 있다.

이메일 odongjiin@gmail.com
웹페이지 cargocollective.com/faustarchive